好玩的科技馆丛书

人类健康卫士
——食品与药品科普体验馆

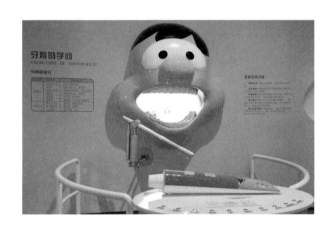

广东科学中心　编著

科学出版社
北京

内 容 简 介

食品药品健康既关系到人民群众的切身利益，也关系到国家经济和医疗卫生的发展。本书从食品与健康、药品与健康、医疗器械与健康三个方面进行讲解，介绍了食品的来源和演变、炊具与餐具、中药的制作与分类、西药的发展和药理、医疗器械和人体辅助装置等相关内容。本书取材广泛、内容通俗易懂、文字简练，较全面和系统地介绍了食品药品健康和医疗器械的基础知识。

本书适合广大青少年、科学爱好者及大众读者阅读。

图书在版编目（CIP）数据

人类健康卫士：食品与药品科普体验馆 / 广东科学中心编著 . —北京：科学出版社，2021.11
（好玩的科技馆丛书）
ISBN 978-7-03-070147-3

Ⅰ . ①人… Ⅱ . ①广… Ⅲ . ①食品安全—普及读物②用药法—普及读物
Ⅳ . ① TS201.6-49 ② R452-49

中国版本图书馆 CIP 数据核字 (2021) 第 214020 号

责任编辑：郭勇斌　彭婧煜　方昊圆 / 责任校对：杜子昂
责任印制：师艳茹 / 封面设计：黄华斌

科 学 出 版 社 出版
北京东黄城根北街16号
邮政编码：100717
http://www.sciencep.com

北京九天鸿程印刷有限责任公司 印刷
科学出版社发行　各地新华书店经销
*

2021年11月第 一 版　开本：720×1000　1/16
2021年11月第一次印刷　印张：8 1/2
字数：137 000
定价：**98.00元**
（如有印装质量问题，我社负责调换）

"好玩的科技馆丛书"

编委会

主　编：卢金贵

副主编：邱银忠　段　飞　羊芳明

委　员：李　锋　邹新伟　郭羽丰　梁皑莹

　　　　林　军　张文山　张　娜　宋　婧

　　　　史海兵　陈彦彬　吴夏灵　张伊晨

　　　　钟玉梅　梁丽明　于　力

前　言

人类的生存和发展离不开食品和药品。食品可以为人体补充能量，用以维持生命机体的正常运转；药品可以预防和治疗各种疾病，为生命机体的健康长寿提供保障。

随着生产力的提高，人类认识、利用和改造自然的本领在不断增强。在此过程中，人们的衣食住行也发生了巨大变化。就食品而言，从最初的茹毛饮血、生吞活剥到如今的食材丰盛、做法讲究，越来越多的人已经不再满足于填饱肚子，而是热衷于成为"吃货"；就药品而言，从当初的无药可救、无计可施到今天的中西荟萃、品类齐备，加上各种医疗器械的辅助，人们可以通过医学检查来预防疾病，即便不幸患病也可以选择不同的药物和治疗方式来战胜病魔。由此，人类的生活质量有了质的提升，人类的平均寿命也实现了大幅增长。

从某种意义上讲，食品、药品及与之相伴的各种炊具、餐具、医疗器械就像一面镜子，从中我们可以看见人类由弱小到强大、人类社会由落后到进步的演进历史。而这段历史，也是人类不断追求美好生活的历史。

《人类健康卫士——食品与药品科普体验馆》共分三篇。上篇概括介绍了与食品相关的知识，包括食品的来源、食品的演变、炊具和餐具、食品安全、食品与健康等内容；中篇介绍与药品相关的知识，包括中药的起源、制作、分类和西药的发现、药理、使用等内容；下篇是在中篇基础上的拓展，主要介绍了医疗器械以及相关的人体辅助装置。

本书在编写过程中参考了大量文献资料，在此表示衷心感谢！

目　　录

前言

上篇　食品与健康

第一章　食品与生活　　　　　　　　　　　　　　　3
食材的起源和传播　　　　　　　　　　　　　　4
中华美食　　　　　　　　　　　　　　　　　　6
烹饪技艺　　　　　　　　　　　　　　　　　　7
家常炒锅　　　　　　　　　　　　　　　　　　9
舌尖调味　　　　　　　　　　　　　　　　　　10
对话火锅　　　　　　　　　　　　　　　　　　12
太空食品　　　　　　　　　　　　　　　　　　14

第二章　食品与文化　　　　　　　　　　　　　　　19
佳肴寄思语　　　　　　　　　　　　　　　　　20
餐具与礼仪　　　　　　　　　　　　　　　　　22
白酒的艺术　　　　　　　　　　　　　　　　　24
茶叶大观园　　　　　　　　　　　　　　　　　27
茶的制作工艺　　　　　　　　　　　　　　　　29

第三章　食品与安全　　　　　　　　　　　　　　　33
从生产基地到餐桌　　　　　　　　　　　　　　34

食物中的天然毒素   35

食物变质后的隐患   36

农残检测与清除   37

食品防腐的奥秘   38

从冰激凌到食品添加剂   40

第四章   食品与保健   **45**

营养素与膳食平衡   46

水盐糖油需多少   48

品类繁多的饮料   49

增加骨密度与缓解视疲劳   51

中篇　药品与健康

第五章   中药   **57**

药食同源   58

道地药材   61

中药方剂   62

中药炮制   64

中药配伍禁忌   65

中药鉴别   67

第六章   西药   **71**

新药研发   72

仿制药的应运而生   73

走进药品生产线   74

西药配伍禁忌   75

青霉素的发现   76

青蒿素的发现   77

阿司匹林的问世　　　　　　　　　　　　　　79

胰岛素的发现　　　　　　　　　　　　　　　80

第七章　用药安全　　　　　　　　　　　　　83

药品的作用与副作用　　　　　　　　　　　　84

读懂药品说明书　　　　　　　　　　　　　　85

处方药和非处方药　　　　　　　　　　　　　86

抗生素耐药性　　　　　　　　　　　　　　　87

特殊药品管理　　　　　　　　　　　　　　　88

家庭小药箱　　　　　　　　　　　　　　　　89

下篇　医疗器械与健康

第八章　传统医疗器械　　　　　　　　　　　95

针灸针　　　　　　　　　　　　　　　　　　96

刮痧板　　　　　　　　　　　　　　　　　　96

拔罐　　　　　　　　　　　　　　　　　　　96

温灸器　　　　　　　　　　　　　　　　　　97

听诊器　　　　　　　　　　　　　　　　　　97

显微镜　　　　　　　　　　　　　　　　　　98

体温计　　　　　　　　　　　　　　　　　　99

第九章　现代医疗器械　　　　　　　　　　　103

CT　　　　　　　　　　　　　　　　　　　104

超声影像诊断设备　　　　　　　　　　　　　105

内窥镜　　　　　　　　　　　　　　　　　　106

血型分析仪　　　　　　　　　　　　　　　　107

生化分析仪　　　　　　　　　　　　　　　　108

血液净化设备　　　　　　　　　　　　　　　109

基因测序仪器 109

3D 打印 110

手术机器人 111

第十章　人体辅助装置 **115**

义齿 116

助听器和人工耳蜗 116

人工关节 117

人工晶状体 117

心脏起搏器 117

心脏支架 119

可穿戴医疗设备 120

参考文献 **122**

食品不仅能够提供人体日常生活所需的各种营养物质和能量，而且可以满足人们追求美好生活的基本需要。千百年来，人类在持续的探索中不断丰富食品的种类，拓展食品的功效，以便更好地为我所用。其间，从食物到餐具都发生了重大变化，无论外观、形制还是色泽、质地都体现出不同时期社会生产力的发展及随之而来的人们的审美观、价值观的变化。与此同时，随着科学知识的增长和生活理念的改变，人们也越来越重视食品安全和膳食营养。

上篇

食品与健康

第一章

食品与生活

食材的起源和传播

　　迄今为止，人类的发展经历了几百万年。作为杂食性动物，人类可以把一切可食之物作为自己的能量来源。然而在很长一段时间里，由于生产力水平低下，人类处于蒙昧阶段，文明还未开化，几乎完全依赖自然，主要靠采食植物和狩猎维持生存；"茹毛饮血"是当时最真实的生存写照。

　　随着人类认识和利用自然能力的提升，人类的食物也在不断发生变化。最初，人类只能通过渔猎、采摘来获得自然食物。后来，由于人口增加，为解决因季节变化导致的食物资源短缺和不均衡问题，人类开始尝试播种农作物和养殖动物。渐渐地，种植业、畜牧业发展起来，"五谷"①和"六畜"②

---

　　①"五谷"有两种说法：一种是稷、黍、菽、麦、稻；另一种是稷、黍、菽、麦、麻。

　　②"六畜"原指马、牛、羊、鸡、狗、猪六种具体的动物，现泛指家畜。宋代王应麟在其所著的《三字经》中言："马牛羊，鸡犬豕。此六畜，人所饲。"其中，鸡、羊、猪主要用来食用。清代王相在《三字经训诂》言："鸡羊与豕，则畜之挚生，以备食者也。"

在人们日常饮食中占据了越来越高的比例。相应地，粮食和畜肉、禽肉成为人们主要的食物形态。

　　如今，人类的食物来源更加多样，种类更加丰富；尤其是中国人餐桌上的食物，着实让人眼花缭乱、目不暇接。这一方面得益于我国辽阔的疆域和得天独厚的自然条件，另一方面也与食物的传播密不可分。事实上，从海外传入我国的食物品种众多、不胜枚举，如花生、豌豆、大蒜、菠菜、苜蓿、葡萄、芝麻、辣椒、胡萝卜、西瓜、西葫芦等。其中，原产于美洲的就有玉米、红薯、土豆、番茄等。这些食物在满足人们口腹之欲的同时，也极大地促进了人口的增长。当然，从我国传到海外的食物也不少，如水稻、大豆、茶，不仅影响了周边国家，而且具有了世界属性。

　　食物传播的路径与各国之间贸易和文化交流的路线密切相关。相传汉代张骞出使西域后，从西域引进了大量蔬菜、水果、坚果，如黄瓜、大蒜、西瓜、无花果、核桃等，同时也把中原的桃、李、杏、梨等传到了西域。在相互往来之间，一些影响深远的运输通道应运而生。例如，源于古代西南边疆茶马互市的"茶马古道"，是一条以马为主要交通工具的重要国际商贸通道，为中国茶和茶文化的国际传播发挥了不可或缺的作用。又如，著名的"丝绸之路"和"海上丝绸之路"，在运输丝绸、瓷器的同时，也把原产于中国的食物远销到世界各地。

　　世界各地的食物传入中国，大体经历了四个时期[①]：

　　秦汉和魏晋时期，大多经由陆上"丝绸之路"从西北引进。因为来自异域，所以食物名字多冠以"胡"字，如胡椒、胡麻（芝麻）、胡荽、胡瓜（黄瓜）、胡豆（蚕豆、豌豆）。当然也有例外，如葡萄、苜蓿、石榴等。

　　南北朝和隋唐时期引进的食物，其名字多冠以"海"字，如海枣等。

　　宋元明时期引进的食物，其名字多冠以"番"字，如番薯、番豆（花生）、番茄、番椒、西番菊（向日葵）等。

---

① 王思明. 中国食物的历史变迁 [N]. 文汇报，2017-06-02（11）.

清代从海路传入的食物，其名字多冠以"洋"字，如洋葱、洋白菜、洋姜等。

总之，本地食材和外来食材，极大地丰富了人们的餐桌，而食物的丰富又催生了各种各样的加工产品和延伸产品。如今，随着科学技术的日新月异，五颜六色的预包装食品已成为主流。

中 华 美 食

中华美食历史悠久，源远流长。在长期的社会发展中，因地理、气候、习俗、物产的不同，我国人民因地制宜、因时而动，制作出了唇齿生香的美味佳肴。其中，中国菜风味众多，主要有宫廷风味、民族风味、清真风味、家常风味等。不仅如此，由于地域差异，还逐渐形成了包括鲁菜、苏菜、粤菜、川菜、浙菜、湘菜、闽菜、徽菜在内的"八大菜系"。[1]此外，像"狗不理"包子、羊肉泡馍、过桥米线等地方风味小吃也别具特色，吸引着南来北往的游客。简而言之，各大菜系和地方小吃，交相辉映，各有千秋，都是中华民族珍贵的文化。

八大菜系[2][3]

菜系	特色	代表菜品
鲁菜	即山东菜，分为山珍跟海味，山珍以济南菜为首、孔府菜为辅，海味以胶东菜为主。鲁菜是各大菜系中唯一的自发型菜系，历史悠久、技法丰富，位列八大菜系之首。以鲜咸为主，讲究原料质地优良，以盐提鲜，以汤壮鲜	九转大肠、爆炒腰花、糖醋鲤鱼、葱烧海参、油爆双脆、四喜丸子、德州扒鸡、红烧大虾
苏菜	即江苏菜，由金陵菜、淮扬菜、苏锡菜、徐海菜组成。用料广泛、刀工精细、追求本味、清鲜平和；菜品风格雅丽，形质均美。其中淮扬菜最为有名，曾为宫廷菜	金陵烤鸭、三套鸭、松鼠鳜鱼、水晶肴蹄、扬州炒饭、清炖蟹粉狮子头、金陵丸子、白汁圆菜

①龚勋.中国少年儿童百科全书[M].汕头：汕头大学出版社，2009.
②蒋英志.中国八大菜系及第九菜系[J].文史精华，2013（5）：64-68.
③毛羽扬.烹饪调味学[M].北京：中国纺织出版社，2018：342.

续表

菜系	特色	代表菜品
粤菜	即广东菜，狭义上的粤菜指广府菜（广州菜）；广义上的粤菜还包括客家菜（东江菜）、潮汕菜（潮州菜）。粤菜清而不淡，鲜而不俗，嫩而不生，油而不腻，因其选料严格、做工精细、中西结合、质鲜味美等特点而闻名	白切鸡、烧鹅、烤乳猪、蜜汁叉烧、卤水拼盘、客家酿豆腐、梅菜扣肉、潮州牛肉丸
川菜	即四川菜，现代川菜基本由三派组成，即川西地区的上河帮川菜、川南古泸水流域地区的小河帮川菜、川东地区的下河帮川菜。川菜以麻、辣、鲜、香为特色，多选家常食材，味型多样，有"一菜一格，百菜百味"之誉	鱼香肉丝、宫保鸡丁、夫妻肺片、麻婆豆腐、回锅肉、东坡肘子、开水白菜
浙菜	即浙江菜，口味以清淡为主。菜式形态讲究，精巧细腻；菜品鲜美滑嫩，脆软清爽，善用香糟、黄酒调味。其中北部口味偏甜，西部口味偏辣，东南部口味偏咸	西湖醋鱼、东坡肉、赛蟹羹、干炸响铃、荷叶粉蒸肉、西湖莼菜汤、龙井虾仁
闽菜	即福建菜，口味以鲜香为主。尤以"香""味"见长，清鲜、和醇、荤香、不腻。它具有三大特色，即长于以红糟调味、长于制汤、长于使用糖醋	佛跳墙、白斩河田鸡、客家生鱼片、武夷熏鹅、涮九门头、鸡汤氽海蚌、海蛎煎
湘菜	即湖南菜，口味以香辣为主，品种繁多。制作精细，用料上比较广泛，口味多变，品种繁多；色泽上油重色浓，讲求实惠；品种上注重香辣、香鲜、软嫩；制法上以煨、炖、腊、蒸、炒诸法见称	剁椒鱼头、农家小炒肉、外婆菜、永州血鸭、东安鸡、腊味合蒸
徽菜	一说指徽州菜，另一说指安徽菜，口味以鲜辣为主。有四大特色：一是就地取材，以鲜制胜；二是重油、重色、重火功；三是娴于烧炖，浓淡相宜；四是注重天然，以食养身	徽州毛豆腐、红烧臭鳜鱼、火腿炖甲鱼、腌鲜鳜鱼、黄山炖鸽

烹 饪 技 艺

好吃的菜肴离不开精湛的烹饪技艺。"烹"是煮，"饪"是熟，烹饪就是将食材加工并转化为可食用食物的过程。通过对食品原料的选择、清洗、切配、制作、调味等，使之成为色、香、味、形、养俱佳的美味佳肴。影响烹饪过程的技艺主要包括刀工、火候、调味和制熟。

刀工技艺。刀工的作用是分解食材，使之便于烹饪、方便食用。每道菜在质、量、形等方面的优劣与否，都与刀工有直接关系。所谓"三分勺工，七分刀工"，熟练的刀工，是优秀厨师必须具备的基本技能。其基本要求是整齐划一、清爽利落、配合烹调、物尽其用。刀工技法多样，常用的有直刀、推刀、拉刀、锯刀、压刀、摇刀、拍刀、滚刀等。

火候技艺。火候是指在菜肴烹制过程中，所用的火力大小和时间长短。根据烹制方法和食材的不同，有的宜用大火，如爆炒；有的宜用中火，如煨；有的则需要先用大火后用中火，如软炸。烹饪过程中，温度、压力、酸碱度等变化都可能改变食物的内在结构和化学组成，从而使食物的感官性状和营养成分发生变化。如煮鸡蛋可使鸡蛋液变为固体，蒸馒头可使淀粉糊化。过度烹饪则会破坏和损失营养成分，如蔬菜翻炒时间过长，维生素 C 将大量流失。

调味技艺。调味就是把菜肴的主副料与多种调味品（如盐、酱油、黄酒、糖、鲜汤、辣酱等）适当配合，使之相互影响，从而达到去除异味、增加美味的目的。根据调味时间，可分为加热前、加热中、加热后三个时段。不同的食材和烹饪方式，对调味的要求有明显不同，如在烹饪前把生肉加入酱油浸渍，炸肉则往往在出锅后再撒上调料。

制熟技艺。制熟就是利用烹饪工具，把生鲜的食材加工成熟食。制熟方法可谓五花八门，如蒸、煮、炒、涮、炖、焖、炸、溜，或者烘焙、烧烤、微波加热等。我国传统民间艺术——相声中有一段叫《报菜名》的贯口，里面讲到蒸羊羔、烧花鸭、卤猪、熏鸡白肚儿、清蒸八宝猪、烩鸭丝、焖黄鳝、抓炒对儿虾、软炸里脊、醋熘肉片儿、烩三鲜……制熟方法之多令人叹为观止。

家 常 炒 锅

炒是中国人最常用和最主要的烹饪方式之一，因此炒锅在大多数家庭的厨房用具中一直占据"C 位"[①]。炒锅大小不同，造型有别，主要有半圆弧形锅和平底锅两种，多数由金属制成，如不锈钢、铁、铝合金，现在一些家庭也开始使用陶瓷炒锅。商场里各种各样的炒锅让人目不暇接，不过它们的主要功能或基础功能都一样，就是加热。另外，它们的工作原理也大同小异。众所周知，热量从物体温度较高的一部分传到温度较低的部分叫作热传导，而烹饪便是利用炒锅热传导的原理，通过加热使食材变熟。

通过炒锅烹饪食品，不仅能杀菌，让食物由生变熟，而且可以促进营养成分分解。如淀粉遇热可发生糊化，有利于淀粉的分解；蛋白质遇热，可变性凝固，而变性后的蛋白质易于分解成利于人体吸收的氨基酸；脂肪加热可水解成脂肪酸和甘油等。

---

①C 位，网络流行语，C 即 carry 或 center，核心位置的意思。

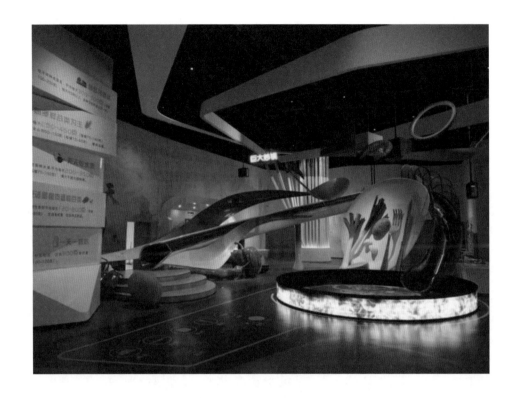

舌尖调味

中国饮食文化以儒家文化和哲学思想为根基，追求"五味调和"，讲究艺术享受，而艺术的灵感即来源于调味品。早在 5000 年前，古人们就开始了"制盐"的生产，大约在 3600 年前开始用盐加工调味品[①]，并逐渐形成了辛、甘、酸、苦、咸"五味"之说。

根据《调味品分类》（GB/T 20903—2007），调味品（condiment）是指在饮食、烹饪和食品加工中广泛应用的，用于调和滋味和气味并具有去腥、除膻、解腻、增香、增鲜等作用的产品。按照终端产品分类，可分为

---

①丁琳.品味时光"酿造"的味道 [J].科学之友，2017（7）：28-29.

17种。具体包括：食用盐、食糖、酱油、食醋、味精、芝麻油、酱类、豆豉、腐乳、鱼露、蚝油、虾油、橄榄油、调味料酒、香辛料和香辛料调味品、复合调味料、火锅调料。

适当使用调味品，不但能改善菜肴的品质，还会引起唾液和其他消化液的分泌，使食物的营养素更加平衡协调，对人体大有裨益。不过，过犹不及，大量食用调味品也会带来危害。

人们日常接触和使用的调味品主要有六类：

（1）酿造类：酱油、食醋、酱类、豆豉、腐乳等；

（2）腌菜类：榨菜、芽菜、冬菜、梅干菜、泡姜、泡辣椒等；

（3）鲜菜类：葱、蒜、姜、辣椒、芫荽、辣根、香椿等；

（4）干货类：胡椒、花椒、干辣椒、八角、小茴香、芥末、桂皮、姜片等；

（5）水产类：水珍、鱼露、虾米、虾皮、虾籽、虾酱等；

（6）其他类：食用盐、味精、食糖、黄酒、咖喱粉、五香粉、芝麻油等。

我国调味品的历史沿革，大体可以分为五个阶段[①]：

第一阶段：人们生活中常用的是酱油、食醋、酱类、味酥、料酒、豆豉、十三香、五香粉等。

第二阶段：随着味精、呈味核苷酸二钠（I＋G，是两种调味剂结合取开头英文字母的简称）的出现与工业化生产，人们对复合味中的鲜味有了新的认识。

第三阶段：味精、I＋G、水解植物蛋白液、水解动物蛋白液、各种氨基酸单体、有机酸的复合调配。

第四阶段：动植物提取物、酵母抽提物、复合增鲜剂、各种新型糖类和甜味剂的应用，典型代表如鸡精、鸡粉等。

第五阶段：高度熟化和厚重味的动植物提取物、新型特色天然调味基料的应用，所体现的调味理念是"美味、天然、安全、方便、营养、健康"。

---

①毛羽扬．烹饪调味学 [M].北京：中国纺织出版社，2018：342.

更多调味艺术内容，
请扫描右侧二维码观看

对话火锅

　　火锅是以锅为器具，将食材放入煮开的清水或特制的高汤里来涮煮食物的烹调方式。根据使用的燃料，可分为木炭火锅、煤气火锅、电火锅、酒精火锅等；根据器具材料质地，可分为搪瓷火锅、锡制火锅、铝制火锅、不锈钢火锅等；根据结构样式，可分为连体式火锅、分体式火锅等；根据烹饪风格，可分为汤卤火锅、清炖火锅、水煮火锅等。当然，琳琅满目的火锅离不开丰富多彩的食材。典型的火锅食材包括各种肉类、海鲜类、蔬菜类、菌菇类、豆制品类、蛋类制品等。

　　火锅不仅具有鲜明的中国特色，而且历史悠久。火锅的含义包含三个内容，一是围炉而食的进餐方式，二是就滚汤投进鱼肉蔬菜即烫即吃的烹调方式，三是一种特殊的菜品名称。三者合一，方称得上近代以来坊间津津乐道的"火锅"。依据此定义，查看文献不难发现，"火锅"起源于唐代，形成于南方，是南方各民族饮食习俗碰撞融合的结果。今天以北京"涮羊

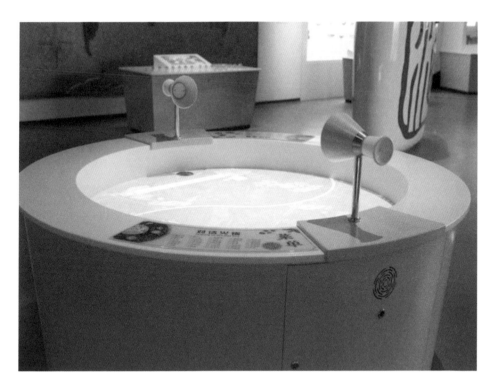

更多对话火锅内容，
请扫描右侧二维码观看

肉"火锅为代表的北派火锅,同样起源于南方,时间大概在宋代。[①]火锅在不同时代,都得到了人们的喜爱。例如,清朝的乾隆皇帝就十分喜爱火锅,曾在"千叟宴"[②]上一次使用上千个火锅。现如今,火锅不仅遍及大江南北,而且受到了许多外国朋友的追捧。

我国地大物博,自然条件千差万别,加上各地风俗和饮食习惯不同,由此造就了品类多样、特色鲜明的火锅。比较有名的有东北的白肉火锅、北京的羊肉火锅、河南的红焖羊肉火锅、山东的羊汤火锅、上海的什锦火锅、浙江的八生火锅、香港的牛肉火锅等。此外,广式火锅和重庆火锅也令人印象深刻。

广式火锅,属于粤菜系,俗称"打边炉"。广式火锅色、香、味俱全,主要食材是生鱼片、鱿鱼片、生虾片等。

重庆火锅,又称为毛肚火锅或麻辣火锅,起源于明末清初的重庆嘉陵江畔、朝天门码头,原料主要是牛毛肚、猪黄喉、鸭肠、牛血旺等,其中以"麻、辣、烫"著称的红汤火锅最具特色。

太空食品

太空食品(space food)是指经特殊工艺加工,专门适用于太空环境下食用的食物。随着 1961 年世界上第一艘载人宇宙飞船"东方 1 号"在苏联发射升空,尤里·加加林成为首位太空人。尽管他的实际飞行时间只有 108 分钟,但却开启了人类进军太空的新征程。与之相应,航天员的吃饭问题也被提上议事日程,并受到高度重视。

最早研制太空食品的苏联专家认为,太空舱内环境特殊、空间有限,所以相较于人们的日常饮食,太空食品不仅应具有更高的生物活性和热量,

①江玉祥.火锅考[J].文史杂志,2019(2):33-37.
②千叟宴是清宫中规模最大、参与者最多的皇家御宴,康熙、乾隆、嘉庆时期共举办过四次。

而且要方便、易食、易吸收。于是，高度浓缩的流质食物成为太空食品的首选。据此，人们制作了用铝管包装的牙膏状食品。航天员进餐时，只要用手挤压管壁，食物就可以轻松入口。不过，它的缺点也很明显，就是水分含量高、重量和体积大、品种单一。后来，航天食品改为小包装压缩食品，部分地解决了这个问题。

继苏联之后，美国的太空事业也迅速启动并获得巨大成功，其"双子星座"号飞船和"阿波罗"号飞船更是备受瞩目。飞船电池工作时会产生大量的水，由此催生出了脱水复水食品。这种食品具有冷冻干燥、加水即软的特点，且味道接近于日常普通膳食。20世纪80年代，进入太空的人

更多太空食品内容，
请扫描右侧二维码观看

越来越多，驻留的时间也越来越长，国际空间站逐渐从构想变为现实，对太空食品也就提出了更高要求。在此背景下，"太空厨房"问世。它实际上是一个多功能的食品加工和储存柜，里面设有食品储箱、调味品储箱、加热器、分水器、餐具箱、清洁卫生用品箱和废物箱以及可以折叠的台子，简直称得上"高大上"。

2021年6月，我国航天员聂海胜、刘伯明、汤洪波乘坐神舟十二号飞船奔赴中国空间站。为此，空间站配备了丰富多样的食品，不仅有粳米粥、椰蓉面包、炒饭、炒面等主食，还有各式菜品，就连调味品也是酸辣咸甜样样不缺，可以说是既营养又美味。

第二章

食品与文化

佳肴寄思语

中华民族历史文化悠久，每逢过年过节，人们就会制作各种寓意美好的佳肴美食，以示庆贺或表达思念，并留下了许多动人的传说和美丽的诗篇。

更多佳肴寄思语内容，
请扫描右侧二维码观看

春节为农历正月初一，是我国最重要的节日，常见习俗为守岁、放鞭炮、贴春联、拜年等。传统的春节美食有饺子、年糕和盆菜等。饺子形似元宝，寓意新年财源滚滚；年糕又称"年年糕"，寓意工作和生活一年更比一年好；盆菜则荟萃百菜百味，共冶一炉，讲究的是"和味"。

上元竹枝词

清·符曾

桂花香馅裹胡桃，江米如珠井水淘。

见说马家滴粉好，试灯风里卖元宵。

元宵节为农历正月十五，北方吃元宵，南方食汤圆。元宵、汤圆取"团""圆"之意，寓意在岁首第一个月圆之夜，天下的亲人都团团圆圆。各地有踩高跷、猜灯谜、舞狮舞龙、赏花灯等风俗。

乙卯重五

宋·陆游

重五山村好，榴花忽已繁。

粽包分两髻，艾束著危冠。

旧俗方储药，羸躯亦点丹。

日斜吾事毕，一笑向杯盘。

端午节为农历五月初五，这一天人们会包粽子来纪念屈原。此外，许多地方还会举办赛龙舟、饮雄黄酒、游百病等活动。

十五夜望月

唐·王建

中庭地白树栖鸦，冷露无声湿桂花。

今夜月明人尽望，不知秋思落谁家。

中秋节为农历八月十五，是亲人团圆、良朋欢聚的好日子，自古便有祭月、赏月、拜月、吃月饼、赏桂花、饮桂花酒等习俗。

此外，农历九月九为重阳节，是人们敬老爱老、思念双亲的日子，通常有登高、吃重阳糕、插茱萸、赏菊、饮菊花酒等习俗。农历十二月初八为腊八节，主要流行于我国北方，习俗是喝腊八粥。

餐具与礼仪

　　餐具是指用餐时直接接触食物的工具。根据国度不同，可分为中餐具与西餐具。顾名思义，中餐具就是吃中餐时用的工具，如碗、筷；西餐具就是吃西餐时用的餐具，如刀、叉。按照材质不同，还可分为陶瓷餐具、木质餐具、玻璃餐具、金属餐具、塑料餐具等。

　　人类从吃生食过渡到吃熟食后，进食方式也从手抓过渡到以使用餐具为主。但使用什么餐具，并不是完全由人的主观意志决定的。就我国而言，以种植为主、养殖为辅的农业形态决定了中华民族的粒食传统和蔬食饮食结构，进而影响了人们对餐具的选择。

　　相传，神农氏①开始"耕而陶"，黄帝时期已经"蒸谷为饮，烹谷为粥"。中国人所使用的碗，以骨瓷为多，口大底小，碗口宽而碗底窄，下有碗足，高度一般为口沿直径的1/2，多为圆形，极少为方形。筷子作为碗的最佳拍档，古时被称为"箸"，多为木制和竹制。现今的筷子则种类繁多，

---

　　①神农氏即相传的上古三皇之一，与炎帝是同一个人。据说他曾亲尝百草，用草药治病；发明刀耕火种，创造了两种翻土农具，并教导民众垦荒种植粮食；还领导他的部落造出了饮食用的陶器和炊具。

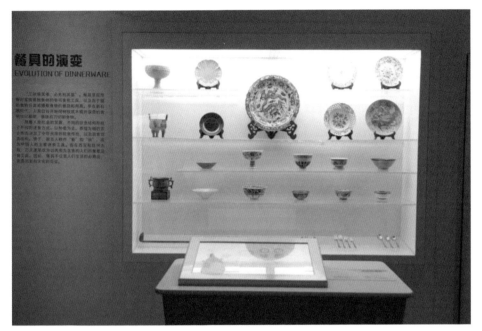

更多餐具的演变内容，
请扫描右侧二维码观看

除了木、竹之外，还有金属、塑料及合成材料等各种质地。东亚国家大都使用筷子，只是样式略有差异。如中国人喜欢用方头圆身的筷子，寓意天圆地方、天长地久；日本人使用的筷子则是尖头方尾，使用时更轻巧灵活，同时也便于刺食；韩国人使用的筷子外形则比较扁平，一般是不锈钢的。

中国作为礼仪之邦，餐桌上的仪式从来都是马虎不得的。餐具看起来简单，但使用的时候却大有讲究。

筷子。中餐最主要的餐具就是筷子。筷子必须成双使用，而且只能用来夹取食物，其他的如挠痒、剔牙等都是不礼貌的。与人交谈时，要暂时放下，不要一边说话，一边挥舞筷子。用餐时，不论筷子上是否有食物残留，都不能舔筷子。还有，不要把筷子竖插在食物上，因为在中国习俗中只在祭奠死者的时候才用这种方式。如果是转桌，则要等菜肴转到自己面前时再夹取，不要抢在邻座前面，每次夹的量不要太多以免掉落。

碗。中餐的碗主要用来盛饭、盛汤。进餐时可以手捧饭碗，用左手的四个手指支撑碗的底部，拇指放在碗端，饭碗的高度大致和下巴保持一致；也可以不端起碗，用左手做出扶碗的姿势，千万不要将不用的手耷在桌子下面。如果汤是单独由带盖的汤盅盛放的，表示汤已经喝完的方法是将汤勺取出放在垫盘上，把盅盖反转平放在汤盅上。

勺子。中餐的勺子主要用来舀取菜、汤、甜点和糖水，可以辅助筷子取食。用的时候，注意不要舀取过满，以免溢出弄脏餐桌或衣服。在舀取食物后，可在原处稍作停留，以免汤汁滴落。如果食物太烫，不要用勺子舀来舀去，也不要对着勺子吹，应把食物先放到自己碗里等凉了再吃。如果是公勺，应迅速放回原处。

盘子。中餐的盘子有很多种，稍小点的叫碟子，主要用于盛放食物，与碗的使用大致相同。用餐时，盘子在餐桌上一般要求保持原位，且不要堆在一起。有一种比较特殊的盘子——食碟，主要用于暂放从公用菜盘中取来的食物（各地有所差异）。使用食碟时，不要一次性盛太多，食物残渣、骨头、鱼刺等不要吐在饭桌上，而应轻轻取放在食碟的前端。

此外，牙签和餐巾虽不是餐具，但也是中餐餐桌上的必备之物。其中，牙签用于扎取食物或剔牙。用餐时尽量不要剔牙，非剔不可时要用另一只手掩住口部，剔出的食物不要当众"观赏"或再次入口，更不要随手乱弹、随口乱吐，剔牙后不要叼着牙签。在比较正式的宴会上，一般会为每位食客配备一条湿毛巾用来擦手，用后应把它放回盘子并由服务员收走。用餐结束前，通常会再上一块湿毛巾用于擦嘴，不要用来擦脸或抹汗。

白酒的艺术

农业的兴起使粮食产量大增，不仅满足了人们的温饱之需，多余者还可以用来酿酒。在我国，仪狄、杜康被公认为酒的发明者。仪狄是夏禹时代的人，杜康据说是夏代君主少康。大约三千多年前，我们的祖先创造了酒曲复式发酵法，由此开始大量酿制黄酒。在一千年前的宋代，蒸馏法被发明出来，从此白酒成为主要的饮用酒*。

按生产工艺，酒主要分为三类：蒸馏酒、发酵酒、配制酒。白酒作为中国特有的一种蒸馏酒，是世界七大蒸馏酒 [另外六种分别是白兰地（brandy）、威士忌（whisky）、伏特加（vodka）、金酒（gin）、朗姆酒（rum）、龙舌兰酒（Tequila）] 之一，由淀粉或糖质原料制成酒醅或发酵后经蒸馏而得，又称烧酒，中华人民共和国成立后被叫作白酒。

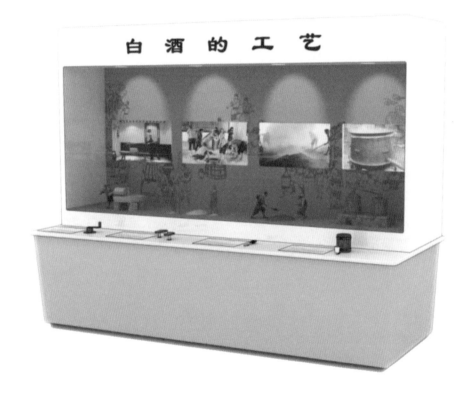

传统白酒酿造技术的工艺流程包括：粉碎、配料、润料和拌料、踩曲、蒸煮糊化、冷散、加曲加水堆积、入缸（池）发酵、出缸（池）蒸酒多个工序。

---

*儿童少年、孕妇、乳母不应饮酒。成人如饮酒，从健康角度出发，《中国居民膳食指南（2016）》建议男性一天饮用酒的酒精量不超过 25g，女性不超过 15g。

粉碎。古时候使用石磨把原料（主要是高粱）粉碎成四六瓣，使其呈梅花状；现代则使用电磨，将其磨成能够通过标准筛的大小和形状。

配料。将粉碎好的原料面和清蒸好的辅料按照（100 ： 25）~（100 ： 30）的比例翻拌均匀。辅料夏季一般为25%，冬季为30%。

润料和拌料。将配好料的面渣，按原料量40% ~ 50%加水（常温）进行润料，翻拌均匀，堆积1小时左右，使原料充分吸收水分。

踩曲。将小麦粉碎后加入水和"母曲"放在木盒子里搅拌，然后用脚不停地踩，直至将酒曲踩好。

蒸煮糊化。蒸煮糊化前把面渣再翻拌一次，然后用木锹和簸箕一层一层地装入甑锅，待圆汽后蒸煮糊化大约1小时，使面熟而不黏，内无生心，由有经验的酿酒师用手捻来感觉蒸煮程度。

冷散。将蒸好的面渣用木锹铲出甑锅放置于干净的地面上，然后用木锹摊薄均匀进行自然冷散。

加曲加水堆积。将冷散好的面渣按一定的比例加入曲粉和水，用木锹翻拌均匀，以用手掌捏住面渣能从指缝挤出1 ~ 2滴水为宜。然后进行堆积，堆积时间不少于1小时。

入缸发酵。将堆积好的酒醅用竹篓放入缸内，上边盖上石盖进行发酵，缸一般埋在地下，缸口与地面平齐，缸的间距为10 ~ 20厘米。

出缸（池）蒸酒。发酵到21天的酒醅用竹篓抬出至甑锅边进行蒸馏。依照酒花大小程度来判别酒头、原酒和酒尾，分级分缸储存，酒体成熟一般要储存6个月以上。

有了酒当然需要酒器。古人云，"非酒器无以饮酒，饮酒之器大小有度"。酒器，是指喝酒用的器具。根据不同的用途，酒器大致可以分为盛酒器、温酒器、饮酒器、分酒器和贮酒器。其中，饮酒器最为重要，常用的是杯和碗。唐朝诗人王翰写道："葡萄美酒夜光杯，欲饮琵琶马上催。醉卧沙场君莫笑，古来征战几人回。"李白诗云："兰陵美酒郁金香，玉碗盛来琥珀光。但使主人能醉客，不知何处是他乡。"

饮酒器的形状跟酒的风味有很大关联。不同形状的饮酒器，可以使饮者更好地品其味、观其色、闻其香，还能控制酒与舌头接触的面积，让饮者更好地体验酒的特性。我国古代的饮酒器主要有觚、觯、角、爵、杯、舟等。什么身份的人使用什么样的饮酒器有着严格规定。如《礼记·礼器》上说："宗庙之祭，贵者献以爵，贱者献以散，尊者举觯，卑者举角。"现代社会讲求平等，一般家庭用的酒器全凭个人喜好而定。

更多酒与酒器内容，
请扫描右侧二维码观看

茶叶大观园

茶叶即茶树的叶子和芽，常被称为"茶"或"茗"。中国是世界上最早发现和利用茶树的国家。唐代"茶圣"陆羽的《茶经》记载，"茶之为饮，发乎神农氏"。先秦时期是茶发展的初始阶段，巴蜀一带成为中国早期茶叶发展的重要地区。汉代和三国时期茶叶贸易初具规模，出现了关于

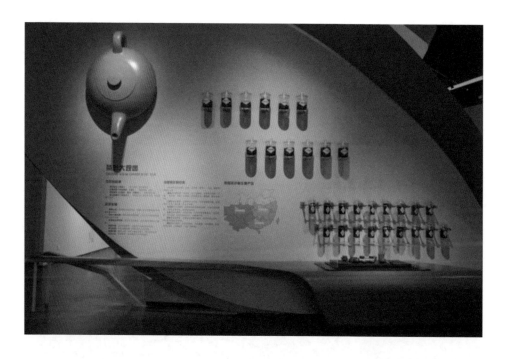

制茶和茶的药理功能的记载。两晋南北朝时期，茶文化的发展进入萌芽阶段。隋唐时期，茶业日益繁荣，茶文化基本框架形成。宋元时期，茶业迅速发展，并普及到社会各阶层。明清时期，散茶兴起，茶叶大量走出国门，销往世界各地。当今社会，科学种茶、科学制茶的水平还在不断提高。

作为产茶大国，我国的名茶可谓比比皆是。为了便于识别茶叶的品质和特点，根据加工方式和发酵程度的不同，人们把茶分为绿茶、红茶、乌龙茶（青茶）、白茶、黄茶和黑茶六大类。

绿茶是中国的第一大茶系，为不发酵茶，主要特点就是"三绿"，即叶绿、汤绿、叶底绿。名茶有龙井、碧螺春、黄山毛峰等。

红茶是全发酵茶，主要特点为红汤、红叶和香甜味醇。名茶有祁门红茶、滇红茶、正山小种等。

乌龙茶（青茶）是半发酵茶，既有绿茶的清香和花香，又有红茶的醇厚。名茶有武夷岩茶、安溪铁观音等。

白茶是轻发酵茶，茶形纤细，干茶外表满披茸毛，色白隐绿，汤色浅绿。名茶有白毫银针等。

　　黄茶是轻发酵茶，主要特点是黄汤、黄叶。名茶有君山银针、蒙顶黄芽和霍山黄芽等。

　　黑茶是后发酵茶，外观呈黑色，汤色橙黄、滋味醇厚。名茶有安化黑茶、广西六堡茶等。

　　我国有四大茶产区。其中，华南茶区适宜生产红茶、白茶、黑茶和乌龙茶；西南茶区适宜生产红茶、黑茶和绿茶；江南茶区适宜生产绿茶、黄茶和乌龙茶；江北茶区适宜生产绿茶。

茶的制作工艺

　　茶叶的发酵程度不同，制作工艺也会略有差异。茶的制作工艺主要包括以下几个步骤。

杀青：利用高温破坏鲜叶中酶活性,抑制酶促氧化,蒸发鲜叶部分水分,便于揉捻成形，促进香气形成。

揉捻：在外力作用下，将茶叶卷缩成需要的各种形状。

干燥：根据茶叶种类不同，分为炒干、烘干、晒干三种。

闷黄：在湿热闷蒸的作用下，破坏茶叶中的叶绿素，使茶叶呈黄色。

萎凋：将新鲜茶叶均匀摊放，散发部分水分，使茎、叶萎蔫，内含物质发生适度物理、化学变化。

摇青：将萎凋好的茶叶放在摇青机中晃动摩擦，擦破叶缘细胞，使鲜叶发生生物化学变化。

发酵：将揉捻叶置于容器中，加力压紧，并用湿布焐至变色并散发出茶香。

沤堆：将发酵后的茶叶堆积在一起进行沤制。

第三章

食品与安全

从生产基地到餐桌

　　食品安全关乎千家万户。那么，食物是如何从生产基地到达餐桌的？经过了怎样的运送路线？接受了哪些安全检查？

　　生产基地。进行合理种植及储藏。种植需要控制水、农药、阳光、虫害等关键因素；储藏需要对食材进行分类别、分区域储藏，在保质、保鲜、防腐等方面应采取相应储藏方法和技术措施，保证食品的安全。

　　工厂。对食材进行加工及质量检验（如农药残留、微生物检测等），严格控制加工现场质量、工序质量及生产人员卫生健康的管理等。

　　配送中心。对食品的农药残留（以下简称农残）情况进行检测，检测合格后需按日期进行分类储存，并根据距离、交通情况及食品的特性选择运输方式。

超市。对食品数量、外观及质量进行验收,检验合格后才能上货架售卖。在此期间,商家需对食品进行保存,防止过期、破损的食品被售卖到消费者手上。

餐桌（家庭）。原材料经过加工处理,最终被摆上餐桌。在此之前,家庭需要对其进行安全保存,防止腐败发霉。家庭常见的保存方法有罐藏、冷冻、真空包装、晒干、风干、盐渍保存、烟熏保存等。

人们可以通过食品质量安全溯源体系来追踪食品从生产源头到消费终端的每一个环节。食品质量安全溯源体系是指在食品供应的整个过程中,记录、存储食品构成与流向和食品鉴定及证明等各种信息的质量安全保证体系。它由生产企业信息系统、企业数据交换系统、公共标识服务系统、行业应用公共系统、客户终端查询系统、信息安全认证系统6个系统构成。

食物中的天然毒素

食物中的天然毒素,是生物体自然产生的有毒化合物,具体来说,是指作为食物的动植物存在于体内的某种对人体健康有害的非营养性天然物质成分;或是由于存储方法不当,在一定条件下产生的某种有毒成分。

这些毒素对生物体本身无害,但当这些生物体被食用时则可能对食用者(包括人类)造成危害。一些毒素是由植物主动产生的,以抵御食草动物、昆虫或微生物的侵害,或植物受到气候影响（如极端潮湿）而被霉菌等微生物侵染进而产生毒素。还有一些毒素来自海洋或湖泊中的浮游生物产生的化合物。这些浮游生物被鱼类或贝类捕食后虽然不会使其中毒,但毒素会在其体内堆积,达到一定量后当人们食用了含有这些毒素的鱼类或贝类后可能就会中毒。常见的天然毒素包括:

氰苷。氰苷是由植物产生的有毒化学物质,像木薯、高粱、石果、竹根和苦杏仁等都含有氰苷。急性氰化物中毒的临床症状多为呼吸急促、血压下降、头晕、头痛、胃痛、呕吐、腹泻、精神错乱、抽搐发绀和昏迷。

凝集素。凝集素是指一种从植物、无脊椎动物和高等动物中提纯的糖蛋白或结合糖的蛋白质，因其能凝集红细胞（含血型物质），故名凝集素。许多豆类都含有凝集素，如四季豆。不过经高温水煮处理后可使凝集素失活，所以为防止中毒，须将四季豆煮透、煮熟。

除此之外，部分野生蘑菇的成分比较复杂，含有若干毒素，如麝香醇和毒蕈碱，可引起呕吐、腹泻、意识错乱、视力障碍、流涎和幻觉，所以不可随便采食。

还有一些野生鱼类，如梭鱼、黑石斑鱼、狗笛鲷、国王鲭鱼、河豚等也都含有毒素，甚至是剧毒。民间曾有"拼死吃河豚"的说法，意思是吃河豚要冒生命危险。当然，这并不是说这些鱼类不能食用，只是食用前一定要经过特殊的加工处理。

食物变质后的隐患

任何食物都有一定的保质期。一旦过了保质期，或者保质期内因包装损坏或环境变化，都可能使食物发生变质。食物变质在通常情况下是由微生物引起的，包括细菌繁殖造成的食物腐败、霉菌代谢导致的食品霉变等。食用了这类食物，可能产生腹泻、腹痛、发热等症状，严重者甚至危及生命。

除此之外，食品中还会伴生一些寄生虫。我国常见的食源性寄生虫主要有以下五类：

植物源性寄生虫。此类寄生虫包括布氏姜片虫等。一旦感染布氏姜片虫，轻者无明显症状，重者会出现消化不良、腹痛、腹泻。

淡水甲壳动物源性寄生虫。此类寄生虫主要是并殖吸虫，包括卫氏并殖吸虫、斯氏狸殖吸虫。由于它们主要寄生在人或动物的肺部，所以也叫肺吸虫。如果并殖吸虫侵入人的脑部，会引起头痛、癫痫和视力减退等症状。

鱼源性寄生虫。此类寄生虫包括华支睾吸虫、棘隙吸虫。其中以华支睾吸虫最为常见，其寄生部位为肝胆管，俗称肝吸虫。感染肝吸虫后，严重者可出现肝硬化、腹水甚至死亡。

肉源性寄生虫。此类寄生虫常见的有旋毛虫、猪带绦虫、牛带绦虫、弓形虫、裂头蚴等。旋毛虫会引起血管炎和肌炎，绦虫会引起腹胀腹痛、消化不良，弓形虫会严重影响胎儿的发育生长。

螺源性寄生虫。此类寄生虫较为常见的是广州管圆线虫。人感染后可能引起脑膜炎和脑炎、脊髓膜炎和脊髓炎，甚至致死或致残。

农残检测与清除

在农业生产中，施用于蔬菜、水果、谷物中的农药会有一部分直接或间接留下来，即所谓的农残。农残不仅危害食品安全，而且损害人们的身体健康。长期食用农残超标的食物，会引发癌症、动脉硬化、心血管病、早衰等慢性疾病，甚至影响下一代的成长。因此，需要对农残进行检测和清除。

利用农残检测仪检测。使用检测农残的专用仪器，可以实现有机磷和

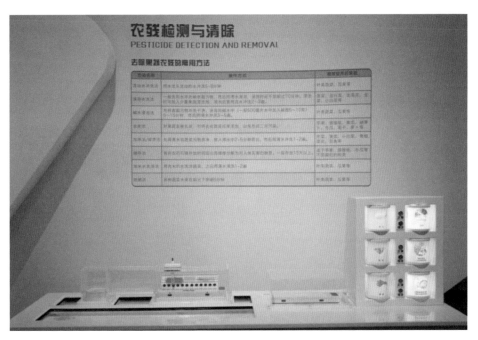

更多农残检测与清除内容，
请扫描右侧二维码观看

氨基甲酸酯类农残量的现场快速检测，广泛应用于产品质量监督检验、卫生防疫、环境保护、工商管理等。

利用农残速测卡检测。利用对有机磷和氨基甲酸酯类农药具有高敏感性的胆碱酯酶和显色剂做成的速测卡进行检测，具有操作简单、检测速度快的特点。

家庭祛除果蔬农残的常用方法

方法名称	操作方式	推荐使用的果蔬
流动水冲洗法	用流动的水冲洗 5 ~ 8 分钟	叶类蔬菜、瓜果等
浸泡水洗法	一般先用水冲洗掉表面污物，然后用清水浸泡，浸泡时间不宜超过 10 分钟。浸泡时可加入少量果蔬清洗剂，浸泡后要用流水冲洗 2 ~ 3 遍	菠菜、金针菜、韭菜花、生菜、小白菜等
碱水浸泡法	先将表面污物冲洗干净，浸泡到碱水中（一般 500 毫升水中加入碱面 5 ~ 10 克）5 ~ 15 分钟，然后用清水冲洗 3 ~ 5 遍	叶类蔬菜、瓜果等
去皮法	对果蔬直接去皮，勿将去皮蔬菜瓜果混放，以免形成二次污染	苹果、猕猴桃、黄瓜、胡萝卜、冬瓜、茄子、萝卜等
加热法 / 焯烫法	先用清水将蔬菜污物洗净，放入沸水中 2 ~ 5 分钟捞出，然后用清水冲洗 1 ~ 2 遍	芹菜、菠菜、小白菜、青椒、菜花、豆角等
储存法	有些农药可随存放时间延长而缓慢分解为对人体无害的物质。一般存放 15 天以上	苹果、猕猴桃、冬瓜等不易腐烂的种类
淘米水洗涤法	用洗米的水洗涤蔬菜水果，之后用清水清洗 1 ~ 2 遍	叶类蔬菜、瓜果等
晾晒法	新鲜蔬菜水果在阳光下照晒 5 分钟	叶类蔬菜、瓜果等

食品防腐的奥秘

为了防止食品腐烂变质，人类想出了各种各样的方法。过去，人们就地取材，常采用加热、干制、盐渍、地窖冷藏等"土"方法防腐。如今，科技的进步使人们对食品保鲜有了更多方法，真空物理防腐、化学试剂防腐、微生物防腐等各种新方法层出不穷。此外，还有辐照加工技术、微胶囊技术、膜分离技术、超临界流体萃取等。这些现代防腐技术，不仅让食品保持新鲜、更健康、更可口，而且推动了食品工业的发展。

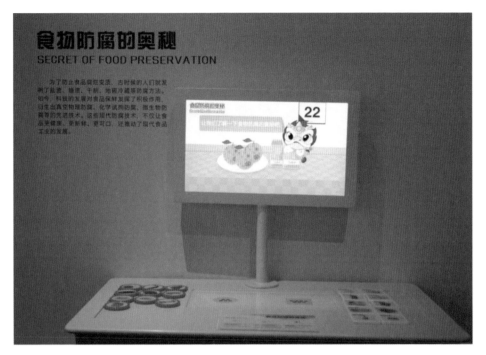

更多食品防腐的奥秘内容，
请扫描右侧二维码观看

　　加热与杀菌。加热的目的是杀灭在食物正常的保质期内可导致食物腐败变质的微生物，具体可分为干热灭菌和湿热灭菌两类。其中，干热灭菌法有火焰灭菌法、热空气灭菌法，湿热灭菌法有煮沸灭菌法、间歇灭菌法、巴氏灭菌法、高压蒸汽灭菌法等。

　　浓缩与干制。浓缩是从低浓度的溶液中除去水或溶剂，使低浓度的溶液变为高浓度的溶液的过程。加热和减压蒸发是最常用的方法，一些分离提纯方法也能起浓缩作用。此外，加沉淀剂、溶剂萃取、亲和层析等方法也能达到浓缩目的。干制是将潮湿的固体、膏状物、浓缩液及液体中的水或溶剂除尽的过程，如将腊肉风干。浓缩得到的产品为液体或半流体；干制的产品为固体。

　　冷藏与冷冻。冷藏和冷冻是采用低温对食物进行贮藏的方法。过去人们常常借助冰块对食物进行保鲜或将食物放在地窖，以达到延缓食物腐败变质、保留食物风味和营养价值的目的。现在通过冰库和冷链技术，可以更好地保证食物的新鲜。随着冰箱的普及，冷藏和冷冻方法已成为普通家庭食物防腐的最佳选择。

糖渍与腌渍。糖渍是对食品原料进行排水吸糖，使糖液中的糖通过扩散和渗透作用进入细胞内，最终达到要求的含糖量。常见的如蜜饯、果脯类食品。糖渍方法有蜜制（冷制）和煮制（热制）两种。蜜制适用于皮薄多汁、质地柔软的原料，煮制适用于质地紧密、耐煮性强的原料。腌渍是指用食盐处理食品原料，使其渗入食品组织内，通过提高其渗透压，降低水分活度，并有选择性地抑制微生物的活动的方法。常见的腌渍食品如各类腌咸菜。

从冰激凌到食品添加剂

冰激凌是一种大人小孩都喜欢的冷饮。它是以饮用水、牛乳、奶粉、奶油（或植物油脂）、食糖等为主要原料，再加入适量食品添加剂，经混合、灭菌、均质、老化、凝冻、硬化等工艺制成的美食。其中，食品添加剂起着重要作用。

食品添加剂是指为改善食品品质和色、香、味及满足防腐、保鲜和加工工艺的需要而加入食品中的人工合成或者天然物质。所谓人工合成的，就是通过人为的化学反应后得到的，如甜味剂、防腐剂；所谓天然的，就是食物的自有成分。如维生素 B_2，本身就是黄色，可以用作色素；维生素 C、维生素 A 具有抗氧化作用，可以用作抗氧化物。

按功能划分，目前我国食品添加剂共有 22 个类别，包括酸度调节剂、抗结剂、消泡剂、抗氧化剂、漂白剂、膨松剂、胶基糖果中基础剂物质、着色剂、护色剂、乳化剂、酶制剂、增味剂、面粉处理剂、被膜剂、水分保持剂、防腐剂、稳定剂和凝固剂、甜味剂、增稠剂、食品用香料、食品工业用加工助剂、其他。常见的防腐剂，如酱油中的苯甲酸钠、果酱里的山梨酸钾；常见的增稠剂，如酸奶中的果胶、果汁中的黄原胶；常见的抗

氧化剂，如食用油中的特丁基对苯二酚（TBHQ）；常见的甜味剂，如口香糖里的木糖醇、饮料中的阿斯巴甜；常见的色素，如腐乳里的红曲红、饮料中的焦糖色。

　　然而，食品添加剂在为工业食品作出巨大贡献的同时，也因滥用和非法使用导致食品安全事故接连不断地发生。因此，《食品安全国家标准 食品添加剂使用标准》（GB 2760—2014）对食品添加剂的使用原则、使用范围及最大使用量或残留量等方面都给出了明确规定。如硝酸钠、硝酸钾，具有护色、防腐的作用，可用于腌腊肉制品类（如咸肉、腊肉、板鸭、中式火腿、腊肠），最大使用量为 0.5 克 / 千克。

　　具体来说，食品添加剂使用时应符合以下基本要求：①不应对人体产生任何健康危害；②不应掩盖食品腐败变质；③不应掩盖食品本身或加工过程中的质量缺陷或以掺杂、掺假、伪造为目的而使用食品添加剂；④不应降低食品本身的营养价值；⑤在达到预期效果的前提下尽可能降低在食品中的使用量。在下列情况下可使用食品添加剂：①保持或提高食品本身的营养价值；②作为某些特殊膳食用食品的必要配料或成分；③提高食品的质量和稳定性，改进其感官特性；④便于食品的生产、加工、包装、运输或者贮藏。

第四章

食品与保健

营养素与膳食平衡

营养素是指食物中能维持肌体健康及提供生长、发育和劳动所需要的各种物质。其中，蛋白质、脂肪和碳水化合物可以供给能量，被称为产能营养素，又因人体对其需求量较大，所以也称为宏量营养素。与此同时，维生素和矿物质的需求量非常少，因此被称为微量营养素。不同的营养素，生理功能不同，各司其职，共同配合，完成人体的各项生理功能。

蛋白质约占人体重量的 16% ~ 20%，用来制造肌肉、血液、皮肤和许多其他身体器官。

脂肪作为能源物质，以无水的形式储存。当人体内糖类代谢发生障碍引起供能不足时，脂肪就会分解为能量。

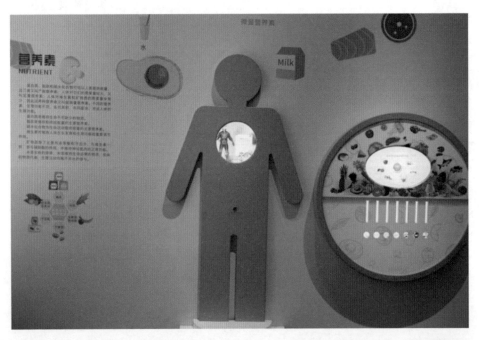

更多营养素内容，
请扫描右侧二维码观看

碳水化合物在三种主要营养素中最廉价。脑组织、心肌和骨骼肌的活动要靠碳水化合物来维系。

维生素对维持人体的生长发育和生理功能起着重要的调节作用。

矿物质除了构成骨骼和牙齿外，与维生素一样，起着辅助酶的作用，并维持神经肌肉的正常功能。

水是生命的源泉，水是维持生命必需的物质，机体的物质代谢、生理活动均离不开水的参与。

合理饮食是保持健康的第一大基石。单吃一种或几种食物，无论数量多少，都不能包含人体所需的所有营养物质。因此，我们要按照每个人的年龄、劳动情况、健康状况等选择不同的食物。因为这些食物能满足人体对能量及各种营养素的需求，所以叫膳食平衡。根据中国营养学会编制的《中国居民膳食指南（2016）》，食物品类和汲取量可作如下分类参考。

第一类是谷类和薯类，包括米、面、杂粮、土豆、红薯等，主要提供碳水化合物、蛋白质、膳食纤维及 B 族维生素。

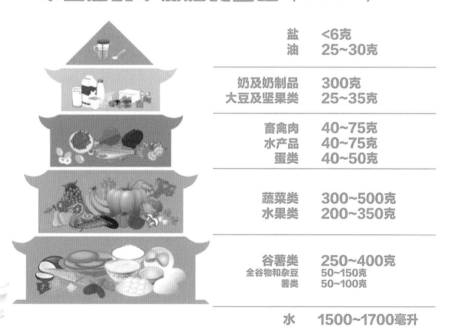

中国居民平衡膳食宝塔（2016）

盐	<6克
油	25~30克
奶及奶制品	300克
大豆及坚果类	25~35克
畜禽肉	40~75克
水产品	40~75克
蛋类	40~50克
蔬菜类	300~500克
水果类	200~350克
谷薯类	250~400克
全谷物和杂豆	50~150克
薯类	50~100克
水	1500~1700毫升

第二类是动物性食物，包括肉、鱼、禽、蛋、奶等，主要提供蛋白质、脂肪、矿物质、维生素 A 和 B 族维生素。

第三类是豆类及其制品，包括大豆（黄豆）、蚕豆、芸豆、绿豆等，主要提供蛋白质、脂肪、膳食纤维、矿物质和 B 族维生素。

第四类是蔬菜和水果，包括鲜豆、根茎、叶菜、茄果等，主要提供膳食纤维、矿物质、维生素 C 和胡萝卜素。

第五类是纯热能食品，包括炒菜油、肥肉、糖果、奶油等，主要提供能量。

水盐糖油需多少

常言道，"三日可以无食，一日不可缺水"。水乃生命之源。水不仅是人体的重要组成部分（约占人体的 70%），而且人体内发生的一切化学反应都在水中进行。如果长期缺少水分，人体代谢产生的毒素与废物不能及时排出，就会危害人体健康，导致血液黏稠度增加，加速动脉硬化，增加心脑血管栓塞发生的概率。

人体每天正常需水量约为 2 升。最有益于健康的水是 20 ~ 50℃的淡茶水和白开水，因其张力、密度和生物活性最接近血液和细胞液。要养成规律饮水的习惯，不应在口渴时才喝水，也不应在运动后暴饮。对一个正常的成年人来说，每天应至少喝水 4 次，即 6 ~ 8 杯水，时间分别在起床后、上午、下午及就寝前喝。不同气候条件下，身体需要的水量也不一样，一般说来，冬春季略少，夏秋季较多。不同人适宜的饮水量如下表所示。

不同人适宜的饮水量

年龄 / 岁	饮水量 /（升 / 天）	
	男性	女性
4 ~ 7（不含 7 岁）	0.8	0.8
7 ~ 11（不含 11 岁）	1.0	1.0
11 ~ 14（不含 14 岁）	1.3	1.1
14 ~ 18（不含 18 岁）	1.4	1.2
18 以上（含 18 岁）	1.7	1.5

饮水量跟尿液的颜色息息相关，因此可以通过观察尿液颜色，判断饮水量是否足够。

除了适时适量饮水外，在日常饮食中，盐、糖、油（食用油）是不可或缺的调味料。其中，盐的主要成分是氯化钠，能够维持人体细胞外液的渗透压，调节人体内酸碱平衡，并参与胃酸的生成。糖又称碳水化合物，可供应人体所需能量的 70% 左右，在人饥饿时能快速提高人体血糖，在人运动时能更快提供热能。同时，它还是构成组织和保障肝脏功能的重要物质。油通常来自动物或植物的油脂，现在常见的多是植物油，如花生油、大豆油、葵花籽油、玉米油、山茶油，可以改善菜肴色泽，增加营养成分和风味。

盐、糖、油过量食用也会导致健康问题。盐摄入过量，会引起高血压、水肿，甚至危害心脏。糖摄入过多，会影响人体对其他富含蛋白质、维生素、矿物质和膳食纤维食品的吸收，导致营养缺乏、发育障碍、肥胖等疾病。油脂摄入过量，会诱发动脉硬化、脂肪肝、心血管疾病等疾病。

《中国居民膳食指南（2016）》指出，成人每天食盐最好不要超过 6 克，烹调油控制在 25 ～ 30 克，糖的摄入量不高于 50 克，最好在 25 克以下。

品类繁多的饮料

根据《饮料通则》（GB/T 10789—2015），饮料是指经过定量包装的，供直接饮用或按一定比例用水冲调或冲泡饮用的，乙醇含量（质量分数）不超过 0.5% 的制品，也可为饮料浓浆或固体形态。

饮料可分为几大类：

（1）包装饮用水，是指以直接来源于地表、地下或公共供水系统的水为水源，经加工制成的密封于容器中可直接饮用的水，如饮用天然矿泉水、饮用纯净水、饮用天然水等。

（2）果蔬汁类及其饮料，是指以水果和（或）蔬菜（包括可食的根、茎、叶、花、果实）等为原料，经加工或发酵制成的液体饮料，如果蔬汁（浆）、浓缩果蔬汁（浆）等。

（3）蛋白饮料，是指以乳或乳制品，或其他动物来源的可食用蛋白，或含有一定蛋白质的植物果实、种子或种仁等为原料，通过添加或不添加其他食品原辅料和（或）食品添加剂，经加工或发酵制成的液体饮料，如含乳饮料、植物蛋白饮料、复合蛋白饮料等。

（4）碳酸饮料（汽水），是指以食品原辅料和（或）食品添加剂为基础，经加工制成的，在一定条件下充入一定量二氧化碳气体的液体饮料，如果汁型碳酸饮料、果味型碳酸饮料、可乐型碳酸饮料、其他型碳酸饮料等，不包括由发酵自身产生二氧化碳气体的饮料。

（5）特殊用途饮料，是指加入具有特定成分的、适应所有或某些人群需要的液体饮料，如运动饮料、营养素饮料、能量饮料、电解质饮料等。

（6）风味饮料，是指以糖（包括食糖和淀粉糖）和（或）甜味剂、酸度调节剂、食用香精（料）等中的一种或多种作为调整风味的主要手段，经加工或发酵制成的液体饮料，如茶味饮料、果味饮料、风味水饮料[①]等。

（7）茶（类）饮料，是指以茶叶或茶叶的水提取液或其浓缩液、茶粉（包括速溶茶粉、研磨茶粉）或直接以茶的鲜叶为原料，添加或不添加食品原辅料和（或）食品添加剂，经加工制成的液体饮料，如纯茶饮料、奶茶饮料、果汁茶饮料。

（8）咖啡（类）饮料，是指以咖啡豆和（或）咖啡制品（研磨咖啡粉、咖啡的提取液或其浓缩液、速溶咖啡等）为原料，添加或不添加糖（食糖、淀粉糖）、乳和（或）乳制品、植脂末等食品原辅料和（或）食品添加剂，经加工制成的液体饮料，如浓咖啡饮料、咖啡饮料、低咖啡因咖啡饮料等。

（9）植物饮料，是指以植物或植物提取物为原料，通过添加或不添加其他食品原辅料和（或）食品添加剂，经加工或发酵制成的液体饮料，如谷物类饮料、可可饮料等，不包括果蔬汁类及其饮料、茶（类）饮料和咖啡（类）饮料。

（10）固体饮料，是指用食品原辅料、食品添加剂等加工制成的粉

---

① 不经调色处理、不添加糖（包括食糖和淀粉糖）的风味饮料为风味水饮料，如苏打水饮料、薄荷水饮料等。

末状、颗粒状或块状等，供冲调或冲泡饮用的固态制品，如果蔬固体饮料、咖啡固体饮料等。

（11）其他类饮料，除上述之外的饮料。其中经国家相关部门批准，可声称具有特定保健功能的制品为功能饮料。

青少年常见、常喝的饮料主要有碳酸饮料、运动饮料（属于特殊用途饮料）和风味饮料。

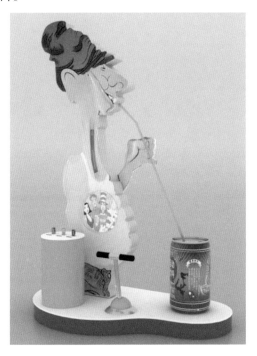

增加骨密度与缓解视疲劳

食品除了可以提供人体所需的基本能量外，还可以通过不同阶段供给量的调整和补充，促进器官和组织的生长，从而调节人体功能，如增加骨密度、缓解视疲劳。

增加骨密度。骨骼矿物质密度（简称骨密度）是骨骼质量的一个重要标志，能够反映骨质疏松程度。人体骨骼矿物质含量与骨骼强度和内环境稳定与否密切相关，因而是评价人类健康状况的重要指标。在正常生理状态下，人体骨骼中矿物质含量随年龄不同而有所不同。在病理状态下，某些药物可导致骨骼矿物质含量改变。

在人的生长发育到达巅峰期后，随着年龄的增加，骨密度不断下降，进入老年期后骨质会更加疏松，容易出现骨折。

骨密度的常规检测是通过对人体骨骼矿物质（主要是钙）进行测定，从而获得其准确含量。这对判断和研究骨骼生理、病理和人的衰老程度及诊断全身各种疾病具有重要作用。

可以采用不同的方法提高骨密度。一是通过合理的膳食补充钙质，例如，食用大豆制品、蛋黄、鱼贝类食物。二是多运动。每天至少需进行30分钟的户外活动，增加紫外线吸收时间，促进皮肤合成维生素 D，从而促进钙质吸收。三是食用各种保健食品，如钙片、维生素 D 片、大豆异黄酮片。

缓解视疲劳。视疲劳是由于长时间不恰当用眼（如近距离目视、高度紧张、用眼过度等）之后出现视物模糊、眼胀、干涩、流泪、眼眶酸痛等眼部症状，严重者甚至出现头痛、眩晕、恶心、烦躁、乏力等全身不适的一种综合征。具体原因包括环境因素、身体因素、眼部因素等。经常食用一些保健食品，如叶黄素、决明子提取物、枸杞、欧洲越橘提取物等，可以缓解视疲劳。

叶黄素，别名类胡萝卜素，是一种抗氧化物，可以吸收蓝光等有害光线，

预防老年性眼球视网膜黄斑退化引起的视力下降与失明。

决明子提取物是豆科植物决明干燥、成熟的种子，具有清热明目的功效。

枸杞含有丰富的枸杞多糖、β 胡萝卜素、维生素 E、硒及黄酮类等抗氧化物质，有较好的抗氧化作用。

欧洲越橘提取物具有治疗多种消化系统、循环系统和眼部疾病的功效。

当然，除了服用保健食品，最重要的还是要养成良好的用眼习惯。如连续用眼半小时，站起来休息 5 分钟；轻轻闭上眼睛，做眼保健操；或向远处眺望，使用滴眼液后闭目休息 5 分钟，使药液能被更加充分地吸收。此外，不要在走路、坐车或昏暗的光线下进行阅读。

身体是革命的本钱，健康是生活的王道。身体健康是人类追求的永恒主题，也是社会进步的重要标志。健康离不开药品，药品与健康息息相关。药品是用于预防、治疗、诊断人的疾病，有目的地调节人体生理机能并规定有适应证或者功能主治、用法和用量的物质。药品种类多样，人们常用的是中药和西药。虽然两者用药原理不同，但都有一套完整的理论和方法。总的来说，两者各有所长，相得益彰，共同谱写了人类医药史上的壮丽篇章。

中篇

药品与健康

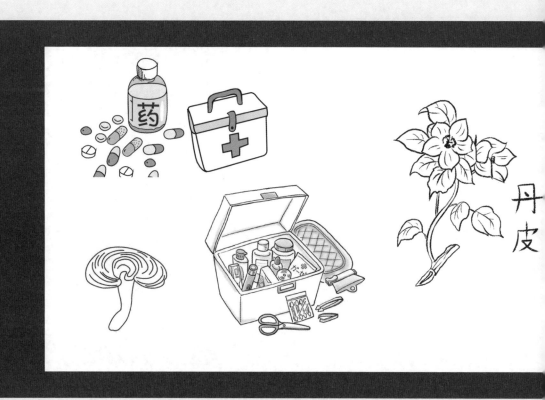

丹皮

第五章

中　药

药 食 同 源

中药是我国传统药物的总称，伴随人们的生产实践逐步发展而来。远古时期，先民们生活在极端恶劣的条件下，食不果腹、衣不蔽体，对自然的认识和利用能力非常有限。在饥不择食的情况下，不免会误食一些有毒或会引起人体剧烈生理反应的动植物。在这个过程中，他们慢慢形成了对自然界哪些东西能食、哪些不能食的认识，进而发现了哪些可以解除病痛、哪些可以强身健体的"秘密"。于是，药物就此诞生。

我国古代的许多典籍中都有"神农尝百草"的传说。《淮南子》记载，"时多疾病毒伤之害，于是神农乃始教民播种五谷，相土地宜，燥湿肥烧高下，尝百草之滋味，水泉之甘苦，令民知所辟就。当此之时，一日而遇七十毒"。

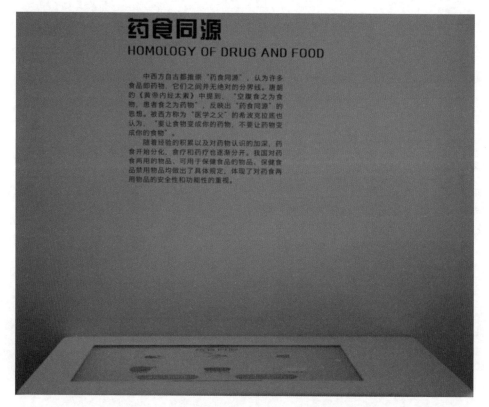

更多药食同源内容，
请扫描右侧二维码观看

神农乃三皇之一，因其部落位于炎热的南方，故称炎族，他本人被称为炎帝；又因发明了五谷农业，被众人称为神农氏。他看到人们饱受疾病之苦，于是遍尝百草，被人们奉为"药王神"。

中药主要来源于天然药及其加工品，包括植物药、动物药、矿物药及部分化学、生物制品类药物。由于以植物药居多，故有"诸药以草为本"的说法。中药的种类很多。古代中药分类法中，《神农本草经》按照功能分类法将药物分成上、中、下三品。其中，上品延年益寿、无毒；中品防病补虚；下品治病愈疾，多有毒性。《本草纲目》按照自然属性分类法将药物分为水、火、土、金石、草、谷、菜、果、木、器、虫、鳞、介、禽、兽、人16部。现代中药分类法中，则按药用部分分类法，以中药材入药部分分为根类、叶类、花类、皮类等。

自古以来中医就有"药食同源"的理论，认为许多药物即食物，两者之间并没有绝对的界限。隋人杨上善在其所编注的《黄帝内经太素》中讲道，"空腹食之为食物，患者食之为药物"，也反映出"药食同源"的思想。

随着人们对药物认识的加深，药食开始分化，食疗和药疗也逐渐分开。2002年发布的《卫生部关于进一步规范保健食品原料管理的通知》（卫法监发〔2002〕51号）对既是食品又是药品的物品、可用于保健食品的物品、保健食品禁用物品作出了以下具体规定。

（1）既是食品又是药品的物品：丁香、八角茴香、刀豆、小茴香、小蓟、山药、山楂、马齿苋、乌梢蛇、乌梅、木瓜、火麻仁、代代花、玉竹、甘草、白芷、白果、白扁豆、白扁豆花、龙眼肉（桂圆）、决明子、百合、肉豆蔻、肉桂、余甘子、佛手、杏仁（甜、苦）、沙棘、牡蛎、芡实、花椒、赤小豆、阿胶、鸡内金、麦芽、昆布、枣（大枣、酸枣、黑枣）、罗汉果、郁李仁、金银花、青果、鱼腥草、姜（生姜、干姜）、枳椇子、枸杞子、栀子、砂仁、胖大海、茯苓、香橼、香薷、桃仁、桑叶、桑椹、桔红、桔梗、益智仁、荷叶、莱菔子、莲子、高良姜、淡竹叶、淡豆豉、菊花、菊苣、黄芥子、黄精、紫苏、紫苏籽、葛根、黑芝麻、黑胡椒、槐米、槐花、蒲公英、蜂蜜、榧子、酸枣仁、鲜白茅根、鲜芦根、蝮蛇、橘皮、薄荷、薏苡仁、薤白、覆盆子、藿香。

（2）可用于保健食品的物品：人参、人参叶、人参果、三七、土茯苓、大蓟、女贞子、山茱萸、川牛膝、川贝母、川芎、马鹿胎、马鹿茸、马鹿骨、丹参、五加皮、五味子、升麻、天门冬、天麻、太子参、巴戟天、木香、木贼、牛蒡子、牛蒡根、车前子、车前草、北沙参、平贝母、玄参、生地黄、生何首乌、白及、白术、白芍、白豆蔻、石决明、石斛（需提供可使用证明）、地骨皮、当归、竹茹、红花、红景天、西洋参、吴茱萸、怀牛膝、杜仲、杜仲叶、沙苑子、牡丹皮、芦荟、苍术、补骨脂、诃子、赤芍、远志、麦门冬、龟甲、佩兰、侧柏叶、制大黄、制何首乌、刺五加、刺玫果、泽兰、泽泻、玫瑰花、玫瑰茄、知母、罗布麻、苦丁茶、金荞麦、金樱子、青皮、厚朴、厚朴花、姜黄、枳壳、枳实、柏子仁、珍珠、绞股蓝、胡芦巴、茜草、荜茇、韭菜子、首乌藤、香附、骨碎补、党参、桑白皮、桑枝、浙贝母、益母草、积雪草、淫羊藿、菟丝子、野菊花、银杏叶、黄芪、湖北贝母、番泻叶、蛤蚧、越橘、槐实、蒲黄、蒺藜、蜂胶、酸角、墨旱莲、熟大黄、熟地黄、鳖甲。

（3）保健食品禁用的物品：八角莲、八里麻、千金子、土青木香、山莨菪、川乌、广防己、马桑叶、马钱子、六角莲、天仙子、巴豆、水银、长春花、甘遂、生天南星、生半夏、生白附子、生狼毒、白降丹、石蒜、关木通、农吉痢、夹竹桃、朱砂、米壳（罂粟壳）、红升丹、红豆杉、红茴香、红粉、羊角拗、羊踯躅、丽江山慈姑、京大戟、昆明山海棠、河豚、闹羊花、青娘虫、鱼藤、洋地黄、洋金花、牵牛子、砒石（白砒、红砒、砒霜）、草乌、香加皮（杠柳皮）、骆驼蓬、鬼臼、莽草、铁棒槌、铃兰、雪上一枝蒿、黄花夹竹桃、斑蝥、硫磺、雄黄、雷公藤、颠茄、藜芦、蟾酥。

需要指出的是，我国是一个多民族国家，不同民族在社会发展过程中，形成了独特的医疗体系和特有的药物，典型的有回族医药、蒙古族医药、藏族医药、苗族医药、维吾尔族医药。这些都是我国医疗和药物体系的重要组成部分。

道 地 药 材

道地药材，也称地道药材，是指一定的中药品种在特定生态条件（如环境、气候）、独特的栽培和炮制技术的综合作用下，所形成的产地适宜、品种优良、产量较高、炮制考究、疗效突出、带有地域性特点的药材。经过长期的实践和发展，它逐渐成为一个约定俗成的关于中药标准化的概念和一种辨别中药材质量的独具特色的识别指标。具体来说，道地药材需要达到以下几项要求。

（1）在中医理论指导下，经过长时间的临床实践。道地药材大多有着漫长的应用历史，即便是治疗效果颇佳的药物，也必定经过较长时期的临床检验才能获得普遍认可。

（2）在医疗实践中发挥了切实功效，获得了较高的知名度和美誉度。道地药材必须产生良好的临床疗效并得到医生的广泛赞誉，甚至家喻户晓。

（3）具有明显的地域性特点。这种地域性，或体现在药材对于特定产区的独特依赖性；或是其产地形成了独特的生产技术；或是在出产地传承着精湛的加工工艺；或是在特定产区的产量长期保持稳定，占据着药材交易的主流地位。

更多道地药材内容，
请扫描右侧二维码观看

就产地而言，常用的道地药材有川药、广药、云药、贵药、怀药、浙药、关药、北药、江南药、藏药。

中 药 方 剂

中药方剂中的"方"指医方，"剂"指调剂，"方剂"就是治病的药方。

相传我国商代有一位非凡的厨师，他就是商汤王的御厨伊尹。伊尹不仅烧菜做饭技艺高超，而且通医懂药。当时医生给病人用的都是单味药，作用范围和药力非常有限，难以应对复杂、危重的病症。于是，伊尹试着把功能相同或相近的药物放在一起煎煮，由此诞生了中药复方，即方剂。于是，"伊尹制汤液"的说法就流传开来。

方剂一般由君药、臣药、佐药、使药四部分组成。"君臣佐使"的提法最早见于《黄帝内经》："主病之谓君，佐君之谓臣，应臣之谓使。"此后历朝历代各有解释。其中，君药是针对主证起主要治疗作用的药物；臣药协助君药，以增强治疗效果；佐药是协助君药治疗兼症或次要症状，或抑制君药和臣药的毒性和峻烈性，或为其反佐；使药可引导或促使方中各药直达病症所在，或起到调和方中各药的作用。

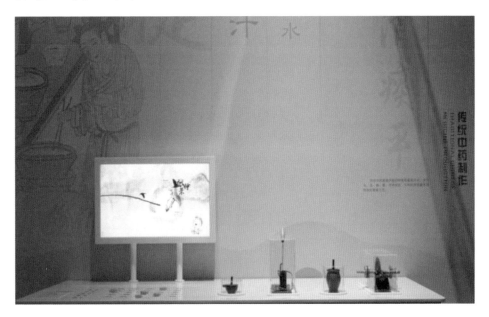

根据中药方剂的制剂形式，可分为汤、酒、茶、露、丸、散、膏、丹、片、锭、胶、曲及条剂、线剂等多种内服和外服剂型[①]。其中，最常见的有以下几种。

---

①吴闪闪. 浅谈《古今医案按》外用中药剂型在内科疾病中的应用 [J]. 浙江中西医结合杂志，2014，24（1）：23-24.

汤剂。也叫煎剂，通过对药物加水煎煮或浸泡去渣取汁而成，是应用最广泛的剂型，特点是吸收快、操作简单、针对性强。按照制备方法，可分为煮剂、煎剂、煮散和饮剂等，适用于急性病、慢性病急性发作以及短期调治的疾病。

丸剂。就是将中药细粉或中药提取物加适宜的黏合剂或辅料（如水、蜜、面糊、米糊、药汁、蜂蜡等）制成球形或类球形，具有用量小、携带方便的显著优势。所谓"丸者缓也"，多适用于慢性或虚弱性病症的调理。

散剂。也称粉剂，是指把一种或数种药物及辅料经粉碎、均匀混合制成的干燥粉末状制剂。根据用法，可分为溶液散、煮散、吹散、内服散、外用散等。散剂兼具汤剂和丸剂的优点，尤其适用于脾胃病的调理和某些急症的治疗。

膏剂。即膏方，是煎熬浓缩而成的膏状剂型，内服外用皆可。内服时需先把配料煎熬滤渣，再加入水、蜂蜜等制成膏滋，多用于治疗慢性虚症。外用时也需煎熬收膏，再根据实际需要装瓶或趁热平摊在纸或布上制成膏药，多用于外科疮疡或风寒痹痛等病症治疗。①

中 药 炮 制

中药必须经过炮制之后才能入药，是中医用药的特点之一。炮制是指取用净制或切制后的净药材、净片，根据中医药理论制定的炮制法则，采用规定的炮制工艺制成药物的过程。炮制的目的主要有三个：一是减毒性，二是增加疗效，三是改变归经。如果炮制不得法，轻则减效，重则害命。中药炮制多以归经理论为指导。所谓归经，即药物作用的定位，如杏仁止咳，故入肺经；生姜止呕，故入胃经。

中药炮制常对药物的性味产生影响。中药药性是临床用药的基本依据，所谓"四气五味"（四气是指药物的寒、热、温、凉四种特性；五味是指

①吴闪闪.浅谈《古今医案按》外用中药剂型在内科疾病中的应用 [J].浙江中西医结合杂志，2014，24（1）：23-24.

药物的辛、甘、酸、苦、咸五种味道，后扩展为体现药物功能归类的标志），即根据中医理论对每种药物的性质和滋味进行归类所作的高度概括。

根据前人的记载，结合现代经验，中药炮制有五大炮制法和八大工艺方法。五大炮制法是修制（纯净、粉碎、切制）、水制（淋、洗、泡、漂、润、水飞）、火制（炒、炙、煅、煨、烘焙）、水火共制（煮、蒸、淬、掸）及其他（常用的有发芽、发酵、制霜等）[①]。八大工艺方法是洗涤与挑选、休整与切制、去皮与去壳、蒸煮烫、熏硫、发汗、干燥、挑选与分等。

中药配伍禁忌

所谓配伍，是指依据病人的病情需要和药物的药性特点，有针对性

更多中药配伍禁忌内容，
请扫描右侧二维码观看

---

①陈永利.浅谈中药炮制的五大方法[J].基层医学论坛，2009，13（32）：1020-1021.

地选择两味或两味以上的药物加以配合同用。在临床中，当使用一种药物达不到预期疗效时，可考虑将不同药物进行搭配，以获得"1+1＞2"的效果。当然，并不是所有的药物配伍都合理有效。实践证明，有些药品配伍会弱化药物疗效，或延迟疗效的发挥，从而使药性得不到充分发挥；有些药物配伍则会使副作用或毒性增强，产生严重不良反应；还有些药物配伍会使治疗作用过度增强，从而超出机体所能耐受的能力，严重者甚至危及生命。这些配伍均属配伍禁忌。

俗话说，"是药三分毒"，所以不能随便服用药物。中药也不例外，相关禁忌大致分为三种情况：①中药配伍禁忌；②妊娠用药禁忌；③服药期间饮食禁忌。就中药配伍禁忌而言，前人把单味药的应用同药与药之间的配伍关系称为药物的"七情"。《神农本草经》将各种药物的配伍关系归纳为"药有阴阳配合，子母兄弟，根茎花实草石骨肉，有单行者，有相须者，有相使者，有相畏者，有相恶者，有相反者，有相杀者。凡此七情和合视之，当用相须相使良者，勿用相恶相反者"。目前医药界比较认可的配伍禁忌，主要有"十八反"和"十九畏"①。

十八反：甘草反甘遂、大戟、海藻、芫花；乌头反贝母、瓜蒌、半夏、白蔹、白及；藜芦反人参、沙参、丹参、玄参、细辛、芍药。

十八反歌诀："本草明言十八反，半蒌贝蔹及攻乌。藻戟遂芫俱战草，诸参辛芍叛藜芦。"

十九畏：硫黄畏朴硝，水银畏砒霜，狼毒畏密陀僧，巴豆畏牵牛，丁香畏郁金，川乌、草乌畏犀角，牙硝畏三棱，官桂畏石脂，人参畏五灵脂。

十九畏歌诀："硫黄原是火中精，朴硝一见便相争。水银莫与砒霜见，狼毒最怕密陀僧。巴豆性烈最为上，偏与牵牛不顺情。丁香莫与郁金见，牙硝难合京三棱。川乌草乌不顺犀，人参最怕五灵脂。官桂善能调冷气，若逢石脂便相欺。大凡修合看顺逆，炮爁炙煿莫相依。"

---

① "十八反""十九畏"及二者歌诀，自产生迄今衍生出多种版本，各版文字表述和所涉内容略有差异。

中 药 鉴 别

中药鉴别，是使用传统中药知识进行药材鉴别的一门学问。专业的中药师通常会采用眼看、手摸、鼻闻、口尝、水试和火试等方法辨真伪。当然，要做到准确鉴别，还需要不断积累经验和不断充实中药知识。

眼看。注意观察药材的外表特征，如表皮、颜色、形状、粗细、断面等。

手摸。不同药材的质感是不一样的，即使是同一种药材，由于加工炮制的方法不同，也会有较大的差异。用手感受药材的软硬轻重，疏松还是致密，光滑还是黏腻，细致还是粗糙，以此鉴别药材的好坏。

鼻闻。药材的气味与其所含的成分有关，鼻闻是比较重要的鉴别方法，尤其是鉴别一些有浓郁气味的药材，如薄荷的香、鱼腥草的腥、阿魏的臭等。

口尝。口尝在于体察药材的"味"和"味感"，味分为辛、甘、酸、苦、咸，如山楂的酸、黄连的苦、甘草的甜等；味感则分为麻、涩、淡、滑、凉、腻等。

水试和火试。有些药材放在水中，或用火烧灼一下会产生特殊的现象。如熊胆的粉末放在水中会先在水面上旋转，后成黄线下沉而不会扩散；麝香烧灼时会产生浓郁的香气，燃尽后留下白色的粉末。

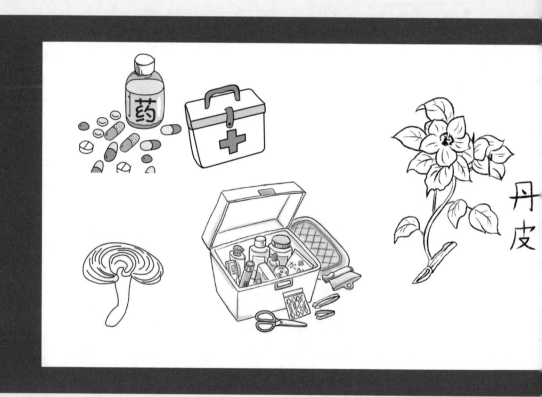

丹皮

第六章

西　药

新药研发

　　西药的研发跟中医走的是完全不同的路径。其中，原创性新药（以下简称原研药）的研发是一个漫长的过程，需要投入大量的人力、物力和财力，经历烦琐的过程。它包括基础研究、药物设计与开发、临床前研究、临床研究和批准生产上市等步骤。

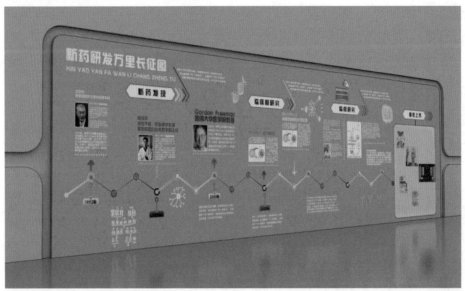

更多新药研发内容，
请扫描右侧二维码观看

以 PD-1 抗癌药物（Opdivo）的研发为例。PD-1 类药物与传统的化疗和靶向治疗不同，它主要通过克服患者体内的免疫抑制，重新激活自身免疫细胞来杀伤肿瘤细胞。其研发经历了一个漫长的过程。

PD-1 初发现。1992 年，日本科学家本庶佑（Tasuku Honjo）率先在小鼠身上发现并鉴定了一个新的基因。本庶佑认为，这个基因如果被激活，将会导致 T 细胞凋亡，于是把这个基因表达的蛋白质命名为程序性死亡蛋白 -1（programmed death-1，PD-1）。

PD-1/PD-L1 对 T 细胞的调控作用。1999 年，我国学者陈列平首次发现了 B7-H1（即后来的 PD-L1）的存在。令人遗憾的是，他当时并没有意识到 B7-H1 就是 PD-1 的配体。2000 年，哈佛大学的弗里曼（Freeman）和本庶佑合作，首次证实了 PD-L1（即 B7-H1）和 PD-1 结合能够抑制 T 细胞的繁殖和细胞因子的分泌。

PD-1 抗体开发。2001 年，华人科学家王常玉开始以 PD-1/PD-L1 作为新靶点开发肿瘤免疫药物，经过一系列改造后制成了单克隆抗体药物——纳武利尤单抗。

第一个 PD-1 抗体临床试验。2006 年，PD-1 抗体纳武利尤单抗获美国食品药品监督管理局（U.S. Food and Drug Administration，FDA）批准进入 I 期临床试验，确定了其在人体的安全性及有效性。2010 年，百时美施贵宝公司（Bristol Myers Squibb，BMS）公布了纳武利尤单抗第一批患者的治疗效果，引起了行业的重视。

批准上市。2014 年 7 月，BMS 的 PD-1 抗癌药物欧狄沃在日本被批准上市，成为全球第一个被批准的 PD-1 药物。同年 9 月，默沙东公司（Merck Sharp & Dohme，MSD）研发的可瑞达（Keytruda）获得 FDA 批准，并于次年获得欧洲药品管理局（European Medicines Agency，EMA）批准上市。2018 年 6 月，PD-1 抗癌药物 Opdivo 获我国国家药品监督管理局批准上市。

仿制药的应运而生

仿制药与原研药相对，是指与商品名药在剂量、安全性和效力（不管如何服用）、质量、作用及适应证上相同的一种仿制品，但并非假冒伪劣药。由于原研药的研发成本高昂，因此其专利保护期限较长（通常为20年）。原研药价格昂贵，普通人难以承受；不过，当其专利保护期限到了之后，其他制药厂家即可进行仿制药的生产。仿制药的价格通常只有原研药的 1/4 ~ 1/3。

世界上比较知名的仿制药公司有以色列的梯瓦（Teva）、美国的迈兰（Mylan）、瑞士的山德士（Sandoz）、印度的太阳制药（Sun）、南非的爱施健（Aspen）等。其中，印度一直有"世界药房"之称，其仿制药产业十分发达，以其价廉物美的特点流行全球，在欧美、日本等市场中表现出色。电影《我不是药神》就是讲了一个使用仿制药救人的故事。

走进药品生产线

药品分为原药和固态制剂。原药是指用于生产各类制剂的原料药物，

更多走进药品生产线内容，
请扫描右侧二维码观看

是制剂中的有效成分。它由化学合成、植物提取或生物技术制备，是各种用作药用的粉末、结晶、浸膏等，病人无法直接服用。固态制剂则是由不同原药加工而制成的散剂、颗粒剂、片剂、胶囊剂、滴丸剂、膜剂等。

原药的制作工序。各类原药根据处方进行配料后，被放入反应罐中进行水提、醇提，待冷却后制作出化合物，再通过活性炭加以脱色、过滤和真空减压浓缩，接着进行喷雾干燥，最后打碎成粉。

固态制剂的制作工序。按照制剂配方将所需的原药粉碎、混合均匀后，将药粉及结合剂倒入搅拌罐中，待其变为颗粒状后放入制粒干燥间。干燥后的颗粒需放入摇摆式颗粒机中进行整粒处理，及至颗粒混合均匀后放入打片机中。当其重量及硬度都达到压片的要求后，则进入流水线。在此期间，要检查药品外观是否有异物、污垢、缺陷、破裂等残次状况，有则去除。检查合格后的制剂被送到包装工序，先进行铝塑包装，按规格切板后再根据外包规格进行外包装。

注射剂生产过程。以注射液为例，其生产工序包括原料—称量—配制—粗滤—精滤—灌装—封口—灭菌检测—灯检—印字—包装—入库。

胶囊剂生产过程。以硬胶囊剂为例，其生产工序包括配料—混合—制粒—干燥—整粒—装囊—检囊打光—分装。

片剂生产过程。以普通口服片剂为例，其生产工序包括粉碎—过筛—配料—总混—压片—包衣—分装—包装—入库。

在我国，药品生产必须符合《药品生产质量管理规范（2010年修订）》的要求。

西药配伍禁忌

药物在配伍时，可能会直接发生物理性或化学性的相互作用，从而影响药物疗效或发生毒性反应。为避免这种情况的发生，就要讲究配伍禁忌。中药如此，西药亦然。如肠道微生态活菌制剂，因为含有活菌，与抗生素同时服用，会减弱微生态活菌制剂的疗效；服用头孢类抗生素期间饮酒或服用含乙醇的药剂，会导致体内"乙醛蓄积"，从而引发双硫仑样反应①。

青霉素的发现

　　青霉素（penicillin）是一种抗生素，由英国细菌学家亚历山大·弗莱明（Alexander Fleming）发现。1928 年，在一次失误的实验中他意外观察到，霉菌的某种分泌物（青霉素）能抑制葡萄球菌。但是，弗莱明的这一重要发现在当时并没有引起人们的重视。直到 1940 年，英国的病理学家弗洛里（Flory）和德国的生物化学家钱恩（Chian）通过大量实验证明，青霉素可以治疗细菌感染，并找到了从青霉菌培养液中提取青霉素的方法。第二次世界大战期间，青霉素曾拯救了数百万人的生命，对赢得反法西斯战争的最后胜利起到了非常重要的作用。鉴于此，他们三人获得了 1945 年

---

　　①双硫仑是戒酒硫类药物的通名，又称戒酒硫、双硫醒，是一种治疗慢性乙醇中毒和乙醇中毒性精神病的药物，作为一种戒酒药物已在很多国家使用。服用该药后饮酒时会出现恶心、呕吐、恐惧等严重反应，而使酗酒者惧怕饮酒，起到戒酒作用。但目前临床上使用的某些药物，其化学结构或作用机制与双硫仑相似，可产生双硫仑样反应。

的诺贝尔生理学或医学奖[1][2]。

更多青霉素的发现内容，
请扫描右侧二维码观看

青霉素的发现，使人类找到了一种具有强大杀菌作用的药物，结束了传染病几乎无法治疗的局面。从此，科学家寻找和研制抗生素新药的潮流逐渐兴起，人类进入抗生素的新时代。

青蒿素的发现

青蒿素是一种含有过氧基团的倍半萜内酯药物，对治疗疟疾具有显著疗效。因最初是从中药青蒿（黄花蒿）中提取，故此得名。中药青蒿在我

①梁贵柏. 新药的故事 [M]. 南京：译林出版社，2019：216.
②中国科学院微生物研究所. 青霉素的故事 [EB/OL].[2021-07-06]. http://www.im.cas.cn/kxcb/shzdwsw/201010/t20101009_2983820.html.

国民间又被称作臭蒿或苦蒿，属菊科一年生草本植物，《诗经》"呦呦鹿鸣，食野之蒿"中的蒿指的就是中药青蒿。①事实上，人类已经和疟疾进行了数百年的斗争。19世纪时，法国化学家从金鸡纳树中分离出奎宁，对抗击疟疾发挥了重要作用。20世纪60年代，疟原虫对奎宁类药物产生了抗药性，全球2亿多疟疾患者陷入窘境，病死率急剧上升。在此背景下，时任中医研究院中药研究所研究实习员的屠呦呦于1969年接受了国家疟疾防治项目"523"办公室抗疟研究的任务，开启了征服疟疾的艰难历程。历经重重困难，屠呦呦及其课题组终于在1972年分离出青蒿素。当时的代号为"结晶Ⅱ"，后改为"青蒿Ⅱ"，最终定名为青蒿素。因对青蒿素研发的贡献，屠呦呦获得2015年诺贝尔生理学或医学奖，被称为"青蒿素之母"。2018年，屠呦呦团队发现青蒿素对盘状红斑狼疮有效率超90%、对系统性红斑狼疮有效率超80%，并开始进入Ⅰ期临床试验。②

①罗朝淑.青蒿素：抗击疟疾的"中国神药"[N].科技日报，2015-10-08.
②王君平.首次发现青蒿素（新中国的"第一"）[N].人民日报，2019-12-07（5）.

以青蒿素类药物为基础的联合疗法，挽救了全球数百万人的生命，至今仍是世界卫生组织推荐的疟疾治疗方法。

阿司匹林的问世

阿司匹林的化学名称是乙酰水杨酸，其来源和柳树密切相关。早在公元前 5 世纪，西方医学的奠基人、希腊生理和医学家希波克拉底（Hippocrates）就发现，柳树的叶和皮具有镇痛和退热作用。1826 年，法国药学家亨利·勒鲁（Henri Leroux）尝试分离柳树皮中的疑似活性成分。1828 年，约瑟夫·布赫纳（Joseph Buchner）成功将其提纯，将浓缩后的药物命名为水杨苷。1838 年，拉法埃莱·皮里亚（Raffaele Piria）从晶体中提取到更强效的化合物，并命名为水杨酸。[①]

然而，无论水杨酸还是水杨苷，都具有一定的腐蚀性，严重影响了它在实践中的应用。1853 年，法国药剂师查尔斯·弗雷德里克·热拉尔（Charles Frédéric Gerhart）找到了一种降低其腐蚀性的方法。此后，相关研究不断推进。1899 年，费利克斯·霍夫曼（Felix Hoffman）合成的乙酰水杨酸化合物被注册为"阿司匹林"，至此，阿司匹林作为非处方止痛药问世。[①]

阿司匹林上市后大受欢迎，但其后由于第一次世界大战爆发，销路受到很大影响。一战后，阿司匹林再度红火，还分销到中国市场，并取得了很大成功，著名影星阮玲玉就做过它的广告代言人[②③]。

百年的临床应用证明，阿司匹林对缓解轻度或中度疼痛具有良好效果。此外，阿司匹林对血小板聚集有抑制作用，能阻止血栓形成，临床上可用于预防短暂脑缺血发作、心肌梗死、人工瓣膜置换术和动静脉内瘘等术后血栓的形成。

①汪芳.纵览阿司匹林发展历史 [J].中国全科医学，2016，19（26）：3129-3135.
②彭雷.极简新药发现史 [M].北京：清华大学出版社，2018：324.
③伯奇.药物简史 [M].梁余音，译.北京：中信出版社，2019：312.

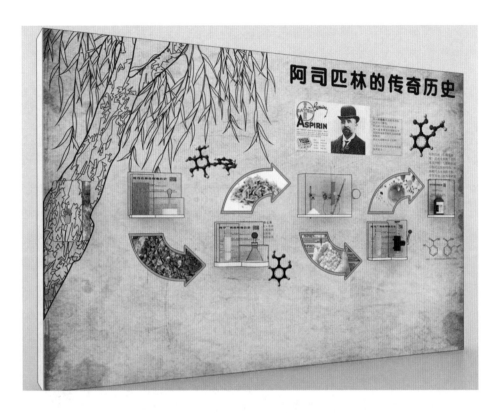

胰岛素的发现

胰岛素是由胰脏内的胰岛 B 细胞受内源性或外源性物质，如葡萄糖、乳糖、核糖、精氨酸、胰高血糖素等的刺激而分泌的一种蛋白质激素，主要作用是调节代谢过程，促进糖原、脂肪、蛋白质合成，是人类体内唯一能够降低血糖的激素。1921 年，加拿大医生班廷（Banting）成功提取出胰岛素，并很快将其用于治疗糖尿病；1923 年，班廷被授予诺贝尔生理学或医学奖，被称为"胰岛素之父"[①]。1955 年，英国生物化学家桑格（Sanger）测定了胰岛素的一级结构，并因此获得了 1958 年的诺贝尔化学奖，他的工作使得胰岛素成为一种可能被人工化学合成的对象[②]。

①王志均.班廷的奇迹：胰岛素的发现 [J].生物学通报，2007，42（11）：3-5.
②谷晓阳，甄橙.是化合物还是药物：结晶胰岛素与胰岛素历史渊源初探 [J].自然辩证法通讯，2017，39（1）：78-84.

1965 年，我国科学家人工合成了具有全部生物活性的结晶牛胰岛素，该胰岛素是世界上第一个人工合成的蛋白质。

胰岛素的发现和临床应用，拯救了成千上万糖尿病患者的生命。为了纪念和表彰胰岛素的发现者班廷，人们将他的生日 11 月 14 日定为联合国糖尿病日。

更多胰岛素的发现内容，
请扫描右侧二维码观看

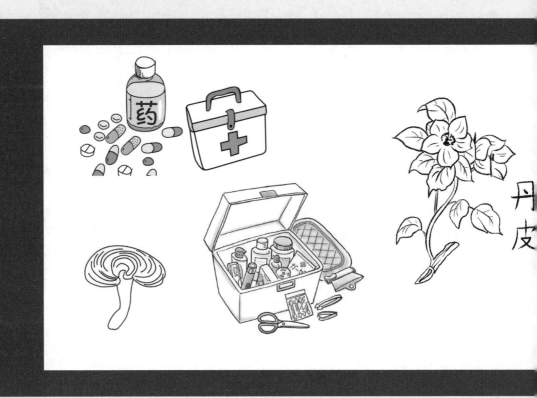

丹
皮

第七章

用 药 安 全

药品的作用与副作用

　　药品进入机体后会产生多方面的反应，根据治疗目的的不同可分为主作用和副作用两种。主作用是指药品在机体内产生的能够达到治疗目的的反应；副作用是指药品在服用正常剂量时所出现的与药品药理学活性相关，但与用药目的无关的作用。

　　每种药品都有主作用和副作用。如阿托品的作用涉及许多器官和系统，当应用于解除消化道痉挛时，除了可缓解胃肠疼痛外，常会抑制腺体的分泌，使病人出现口干、视力模糊、心悸、尿潴留等反应。

更多药品的作用与副作用内容，

请扫描右侧二维码观看

了解药品的副作用，不是抗拒它、否认它、害怕它，而是要控制它、和它共存。有些药品的副作用是可以避免的。如患者在服用血管紧张素转化酶抑制剂的降压药（一般叫××普利）后出现干咳，如果不能忍受的话，可以咨询医生，换用血管紧张素Ⅱ受体拮抗剂的降压药（一般叫××沙坦）。有些药品的副作用是可以采取手段减轻的，如糖皮质激素能够增加胃酸和胃蛋白酶的分泌，导致消化性溃疡风险升高，因此医生会给一些长期使用大剂量激素的患者开一些抑制胃酸分泌的药物以降低发生消化性溃疡的概率。但有些药物副作用一旦出现，就应该立即停药并到医院就医换药。

需要说明的是，药品的副作用与药品不良反应、药物过敏反应并不是一回事。药品不良反应指合格药品在正常用法、用量下，出现的与用药目的无关的或意外的有害反应。除副作用外，还包括药品的毒性作用（毒性反应）、后遗效应、变态反应等。其主要发生在某些体质特殊的高敏性患者身上，患者用药后身体产生剧烈反应，严重者可出现休克或死亡。这种反应与药物剂量无关，反应性质不同，表现各异。副作用只是药品不良反应的一种，可能给病人带来不适或痛苦，但一般都较轻微，可以忍受。

读懂药品说明书

药品说明书能提供用药信息，是医务人员、患者了解药品的重要途径。根据《中华人民共和国药品管理法》，药品必须附有说明书。根据《药品说明书和标签管理规定》，药品说明书的基本作用是指导安全、合理使用药品。

我国对药品说明书的规定包括：药品名称、结构式及分子式（制剂应当附主要成分）、作用与用途、用法与用量（毒、剧药品应有极量）、不良反应、禁忌、注意事项、包装（规格、含量）、有效贮藏期、生产企业、批准文号、注册商标等内容。

处方药和非处方药

药品分为处方药和非处方药。处方药就是必须凭执业医师或执业助理医师处方才可调配、购买和使用的药品；非处方药是指为方便公众用药，在保证用药安全的前提下，经国家卫生行政部门规定或审定后，不需要医师或其他医疗专业人员开写处方即可购买的药品，一般公众凭自我判断，按照药品标签及使用说明就可自行使用。非处方药分为甲乙两类。其中，专用标识红底白字为甲类，必须在药店出售；绿底白字为乙类，除了可以在药店出售外，还可以在超市、宾馆、百货商店等处销售。

更多处方药和非处方药内容，
请扫描右侧二维码观看

处方药大多属于以下几种情况：上市的新药，对其活性或不良反应有待进一步观察；可产生依赖性的某些药物，如吗啡类镇痛药及某些催眠安定药物等；药物本身毒性较大，如抗癌药物等；用于治疗某些疾病所需的特殊药品，如心脑血管疾病的药物。

非处方药大多属于以下情况：毒副作用较少、较轻，而且容易察觉，不会引起耐药性、成瘾性，与其他药物相互作用较小，在临床上使用多年，疗效确定；主要用于治疗病情较轻、稳定、诊断明确的疾病。

无论处方药还是非处方药，一旦进入流通领域，其相应的警示语（处方药为"凭医师处方销售、购买和使用"，非处方药为"请仔细阅读药品使用说明书并按照说明书使用或在药师指导下购买和使用"）都应由生产企业印制在药品包装或药品的使用说明书上的明显位置。另外，非处方药的专用标识为 OTC，处方药无 OTC。

抗生素耐药性

抗生素类药物曾是人类对抗疾病的一个"秘密武器"。由于一系列抗生素的发现，人类得以免受各种病原微生物（主要是细菌）的侵扰，寿命得以显著提高。然而，随着抗生素的广泛应用，细菌对抗生素的耐药性也在不断增强，甚至成为未来医疗卫生领域的一个重大挑战。

抗生素之所以能抑制和杀死细菌，主要靠阻碍细菌细胞壁的合成，影响细胞膜的渗透性，干扰蛋白质的合成，或抑制核酸的转录和复制，等等。但所谓"道高一尺，魔高一丈"，细菌为了不被抗生素"杀死"，自身会主动发生结构性的改变，如改变抗生素与之作用的靶点，或产生钝化酶让抗生素失活，等等，这种改变即为抗生素的耐药性。由于对抗生素产生了耐药性，一些常见的病原体正在变成"超级细菌"。

抗生素的耐药性问题，正成为困扰世界各国的一个难题。如果人类不减少对非必要抗生素的依赖，并成功开发新的抗生素（或疫苗这类替代品），那么到 2050 年每年由相关耐药性引发的死亡人数可能会达到 1000 万人，而在经济方面的总成本（2015 至 2050 年间）可能突破 100 万亿美元。[①]

对抗生素的滥用是导致抗生素耐药性加速出现的一个重要原因。我们应科学谨慎地使用并且减少对各类抗生素药物的依赖，否则未来人类可能死于一次普通的感染而非骇人听闻的各种不治之症。

特殊药品管理

特殊管理药品是指国家制定法律制度，实行比其他药品更为严格管制的药品，如疫苗、血液制品、麻醉药品、精神药品、医疗用毒性药品、放射性药品、药品类易制毒化学品等。特殊管理药品的特殊性，在于这类药品虽然与普通药品一样都具有医疗上的价值，但因其具有特殊的药理、生

①奥尼尔. 抗菌素耐药性问题与气候变化同等重要 [N]. 第一财经日报，2020-01-06.

理作用，如果管理、使用不当将严重危害病患者及公众的生命健康乃至社会的利益。因此，为了保证药品合法、安全、合理使用，防止药物滥用造成的危害，国家对这类药品实行特殊管理。

管理特殊药品的相关法律

药品名称	具体所指	相关法律
疫苗	为预防、控制疾病的发生、流行，用于人体免疫接种的预防性生物制品，包括免疫规划疫苗和非免疫规划疫苗	《中华人民共和国疫苗管理法》
血液制品	血液制品（特指各种人血浆蛋白制品）、原料血浆（由单采血浆站采集的专用于血液制品生产原料的血浆）	《血液制品管理条例》
麻醉药品和精神药品	列入麻醉药品目录、精神药品目录的药品和其他物质。其中，精神药品分为第一类精神药品和第二类精神药品	《麻醉药品和精神药品管理条例》
医疗用毒性药品	毒性剧烈、治疗剂量与中毒剂量相近，使用不当会致人中毒或死亡的药品	《医疗用毒性药品管理办法》
放射性药品	用于临床诊断或者治疗的放射性核素制剂或者其标记药物	《放射性药品管理办法》
药品类易制毒化学品	麦角酸、麻黄素等物质	《药品类易制毒化学品管理办法》

家庭小药箱

药品储存要求：最好分别装入棕色瓶内，将盖拧紧，放在避光、干燥、阴凉处，以防变质失效，并用标签写明药名、剂量、用法、用量、有效日期。

家庭备药注意事项及备药原则：应尽量选择安全性高的非处方药品，避免过量囤积，及时处理过期药，等等。

每个家庭为应对紧急突发疾病伤害或日常常见病而准备的药品，最好选用副作用较小、疗效稳定、用法简单的常见病或多发病用药。其主要种类包括解热镇痛药、感冒药、抗菌药物、胃肠解痉药、助消化药、通便药、止泻药、抗过敏药、外用消炎消毒药等，还可能包括家庭特定人群用药（如降压药、降糖药、心血管急救药）。

家庭药品储存注意事项：

（1）开瓶后，不需保留棉花和干燥剂，以免药品更易受潮。

（2）开封后，有些药品容易被微生物污染或吸潮，因此就不能再参照包装有效期使用。

（3）所有的药品都要按照说明书要求的储存条件保存。

（4）保留药品包装和说明书。

（5）过期药不能使用，应按垃圾分类规定处理。

工欲善其事，必先利其器。医疗器械①是为了预防、诊断、治疗疾病等，直接或者间接作用于人体的仪器、设备、材料等物品，对保障公众身体健康和生命安全、改善生活质量具有重要作用。医疗器械种类繁多，既有传统的中医器械，也有现代的西医器械，再辅之以各种新兴技术，成为了医生的神兵利器，可谓如虎添翼。展望未来，无论手术机器人还是可穿戴医疗设备，都为人类的健康事业提供了更尖端、更可靠、更有效的体验和效果。

---

　　①本篇所有医疗器械的定义、分类和工作原理等，除专门注释外，都引用或参考国家食品药品监督管理总局于 2017 年 8 月发布的《医疗器械分类目录》。

下篇

医疗器械与健康

第八章

传统医疗器械

针 灸 针

针是中医最重要的器具之一，种类繁多、功能各异，主要有三棱针、皮肤针、滚针、皮内针、埋线针等。其中，最常用的当属针灸针。针灸针一般由针体、针尖、针柄和套管组成，针体的前端为针尖，后端设针柄，针体跟针尖光滑亮洁，针柄多有螺纹。相传，伏羲（三皇之一）制九针，开启了针具治病的先河，奠定了针灸的基础。针灸针常被认为是银针，实际上银针柔软易断且价格相对较贵，所以现在临床上一般使用不锈钢针。值得一提的是，针灸需要精确掌握人体穴位，殊为不易。宋仁宗在位期间，翰林医官王惟一主持制作了刻示人体经络穴位的针灸铜人模型，从而大大促进了针灸教学的发展。

刮 痧 板

刮痧板是刮痧的主要器具。其形状多样、材质各异，通常采用砭石、玉制品、牛角等材料加工磨光制成。此外，瓷汤勺、嫩竹板、棉纱线、硬币等也经常被作为替代品用在家庭保健中。使用时，手握刮痧板在体表进行反复刮动、摩擦，直至"出痧"——皮肤局部出现红色粟粒状或暗红色出血点。可配合针灸、拔罐、刺络放血等疗法使用，以达到舒筋通络、活血化瘀的作用。

拔 罐

拔罐是拔罐疗法的主要工具。它通过燃烧、抽吸、挤压等方法排除罐内空气从而产生负压，使罐体吸附于体表特定部位（以背部居多），形成局部充血或淤血现象。拔罐具有通经活络、行气活血、消肿止痛、祛风散寒的功效。根据材质和工作原理差异，可分为玻璃火罐、竹火罐、真空拔罐器、负压拔罐器、可调式吸罐、旋转式拔罐器等。

温 灸 器

温灸器是温灸疗法中使用的器具。灸法古称"灸焫"，又称艾灸，是指以艾绒或掺加的药物为材料，点燃后直接或间接熏灼体表穴位的一种治疗方法，具有调和气血、温中散寒的作用。随着社会发展和技术进步，温灸器也在不断改进。目前临床使用的温灸器大致分为两类：一类是传统的温灸器，通常为筒形，材质有金属、陶瓷、竹木等；另一类是经现代科技改良后可模拟艾灸治疗的灸疗仪。

听 诊 器

听诊器是内科、外科、妇科、儿科等医师最常用的诊断用具，属于诊察辅助器械，现已成为医师的标志。1816 年法国医生勒内·泰奥菲尔·亚森特·拉埃内克（René Théophile Hyacinthe Laënnec）发明了听诊器，最初是单耳、木质，形状像个号角，借助一根导管来听诊心跳。1850 年美国医生乔治·卡曼（George Kaman）将橡胶用于双耳听诊器，使双耳听诊器成功实现了商业化。[1]

传统的听诊器通常由听诊头、导音管、耳挂组成，主要用于收集和放大从心脏、肺部、动脉、静脉和其他内脏器官处发出的声音，具体有单用听诊器、双用听诊器、医用听诊器、胎音听诊器等。此外，还有电子听诊器，通常由拾音器、信号处理模块和耳机组成，作用与传统听诊器并无二致。医生利用听诊器能够听到来自人体不同部位的声音，并以此判断病人的病况。

---

①温斯顿. 科学历史百科全书 [M]. 北京：中国大百科全书出版社，2019：90.

显 微 镜

显微镜是由一个或几个透镜组合而成的一种光学仪器，主要用于放大微小物体为人的肉眼所见，是人类进入原子时代的重要标志。它突破了人类的生理局限，把视觉延伸到人眼不能分辨的微观世界，推动了生物学和医学的发展，尤其是在病毒学、病理学上发挥了积极作用。

显微镜分光学显微镜和电子显微镜。其中，最早的光学显微镜发明于 17 世纪初的荷兰，第一个发明者到底是谁迄今仍存争议。不过荷兰商人列文虎克（Leeuwenhoek）借助自己发明的显微镜发现了细胞，由此开启了人类使用仪器来研究微观世界的新纪元。1931 年，德国物理学家恩斯特·鲁斯卡（Ernst Ruska）[①]和电子工程师马克斯·克诺尔（Max Knoll）制造出世界上第一台初具雏形的电子显微镜。1933 年，鲁斯卡进一步发明了远超光学显微镜分辨率的电子显微镜。1938 年，第一台电子显微镜走出实验室，开始在实际研究中展现出日益强大的能力。[②]

医用显微镜属于临床检验器械，可归类为扫描图像分析系统。它通常由观察系统、照明系统和载物台组成。其中，观察系统是具有目镜、物镜的光学显微系统，可外接图像采集显示系统。目前，医用显微镜主要有生物显微镜、超倍生物显微系统、倒置生物显微镜、正置生物显微镜、数码生物显微镜、光学生物显微镜、LED 生物显微镜、荧光生物显微镜。

---

① 1986 年，鲁斯卡因发明电子显微镜获得诺贝尔物理学奖。
② 郭晓强. 电子显微镜：洞察生命微观世界奥秘的强大助手 [J]. 生命世界，2018（2）：74-81.

更多显微镜内容，
请扫描右侧二维码观看

体　温　计

　　顾名思义，体温计就是一种用来测量体温的工具，属于生理参数分析测量设备。1593 年，意大利科学家伽利略利用热胀冷缩原理发明了世界上第一支标有刻度的温度计——气体温度计。此后，经过众多科学家和医疗工作者的努力，温度计得到持续改进。1658 年，法国天文学家、数学家伊斯梅尔·博里奥（Ismaël Boulliau）制成了第一支用汞（俗称水银）作为测温物质的温度计。清初来中国的天主教耶稣会传教士、比利时人南怀仁（Ferdinand Verbiest）把温度计传到中国。[①]

---

①陈仁政 . 温度计的前世今生 [J]. 百科知识，2020（16）：11-16.

　　体温计通常由玻璃管、感温泡、汞或其他感温液体和刻度尺标组成。其工作原理是利用汞或其他液体的热胀冷缩原理测量温度。传统的体温计是一种水银温度计，其上部是一根玻璃管，底部是一个玻璃泡。玻璃泡与玻璃管的下端装有纯净的水银，管上标有刻度。刻度跟人体温度一致，在 35 ~ 42℃之间，每个小格代表 0.1℃。测量体温时，因人体温度要高于体温计温度，所以玻璃泡中的水银受热膨胀后会沿着玻璃细管上升，直至两者温度相同。体温计用后通常要用力甩一甩，尤其是使用前如果高于 35℃ 时必须要用。这是因为，在玻璃泡和细管相接处有一段细微的缩口，当体温计离开人体后水银就会变冷收缩，从而在缩口处断开，甩甩才能复位。

　　由于测量体温需要花费一定时间，特殊条件下还可能传染疾病，于是电子测温仪器应运而生。它主要有两种：一种是接触式的，把传感器通过接触传导测得的温度转换为电信号进行显示或数据输出，通常放置于人体的口腔、腋下、肛门、额头部位测量，如电子体温计；一种是非接触式的，采用红外感温方法测量温度，通常用于测量患者耳道、额头部位温度，如耳温枪、额温枪。

第九章

现代医疗器械

CT

计算机体层摄影（computed tomography，CT），属于医用成像器械。它通过对从多方向穿过患者的 X 射线信号进行计算机处理，为诊断提供重建影像，或为放射治疗计划提供图像数据，具有密度分辨力高、检查方便、迅速而安全、准确率高等优点。CT 通常由扫描架、X 射线发生装置、探测器、图像处理系统和患者支撑装置组成，主要有头部 X 射线计算机体层摄影设备、移动式 X 射线计算机体层摄影设备、车载 X 射线计算机体层摄影设备等。

更多 CT 扫描内容，
请扫描右侧二维码观看

目前，CT检查已广泛应用于临床，几乎可以检测人体任何部位或器官，如头颈部、胸部、心脏和大血管、腹部、脊柱和骨关节。比方说，作为诊断颅脑病变的首选方法，CT可诊断脑肿瘤、脑血管病并发症（梗死或出血）、脑脓肿、脑外伤、寄生虫病及先天发育畸形等；注射对比剂后，CT能分清血管的解剖结构，观察血管与病灶之间的关系以及病灶部位的血供和血流动力学的变化。此外，CT还可帮助制定放射治疗计划和放疗效果评价，做各种定量计算工作（如心脏冠状动脉钙化和椎体骨矿密度的测量），协助临床的诊断和指导颌面部整形外科手术，等等。[1]

超声影像诊断设备

超声影像诊断设备经历了半个多世纪的发展，特别是20世纪90年代以来随着医学、计算机、电子工程技术的飞速发展，超声影像诊断设备的性能不断提高、功能不断完善、用途不断扩展。[2]

根据成像原理的不同，常用的超声影像诊断设备主要分为两种。一种是超声脉冲回波成像设备，它利用超声脉冲回波原理完成人体器官组织的成像，通常由探头（相控阵、线阵、凸阵、机械扇扫、三维探头、内窥镜探头等）、超声波发射/接收电路、信号处理和图像显示等组成；另一种是超声回波多普勒成像设备，它利用超声多普勒技术和超声回波原理，同时进行采集血流运动、组织运动信息和人体器官组织成像，通常由探头、超声波发射/接收电路、信号处理和图像显示等部分组成。

①石明国.医用影像设备（CT/MR/DSA）成像原理与临床应用 [M].北京：人民卫生出版社，2013：78.

②毕素栋.医学超声影像诊断设备的进展 [J].医疗卫生装备，2005，26（4）：44，46.

内　窥　镜

　　内窥镜是一种可插入患者体内提供内部观察或图像进行检查、诊断和（或）治疗的医用电气设备。医用内窥镜属于成像器械，主要包括①光学内窥镜：通过自然孔道进入人体内，用于成像和诊断，如鼻内窥镜、直肠内窥镜；②电凝切割内窥镜：通过高频发生器提供能量，用于高频电烧手术时的手术视野成像及切割、电凝操作，如膀胱电切内窥镜、前列腺电切内窥镜；③电子内窥镜：通过创口或自然孔道进入人体内，用于成像和诊断，如电子胃镜、电子胸腹腔镜；④胶囊式内窥镜系统：通常由胶囊内窥镜（一种做成胶囊形状的内窥镜）和图像数据接收处理装置组成，

由口腔食道进入人体消化系统，并随消化系统蠕动或主动运行，用于对消化系统中指定部位进行成像诊断，如小肠胶囊内窥镜系统。

使用时，将内窥镜导入待检查的器官，医务人员可在外部显示器上直接窥视病变部位、范围，并可进行拍照、活检或刷片，从而极大地提高了疾病诊断的准确率。同时，一些配备有手术器具和治疗功能的内窥镜的出现，还为内窥镜微创手术在临床上的应用开辟了广阔前景。

血型分析仪

血型分析仪是一种用于血型检测、血型定型、抗筛、交叉配血等血型血清学检测的分析仪器，被归为血液学分析设备，属于临床检验器械。它通常由工作平台、标本试管架装置、试剂混匀装置、加样系统、孵育器、离心机、判读装置等组成，可自动完成标本和试剂的条码阅读、加样、加

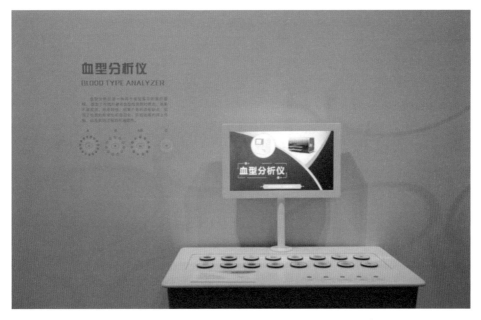

更多血型分析仪内容，
请扫描右侧二维码观看

试剂、孵育、离心、振荡、CCD 图像分析判定直至传输打印结果。与适配试剂配合使用，用于 ABO/Rh 血型检测、交叉配血检测及不规则抗体检测等。它的发明和使用，改变了传统的玻片血型检测费时费力、结果不易观测、效率较低、结果不易判读等缺点，实现了检测的标准化和自动化、实验结果的网上传输以及实验过程的可追踪性。

生化分析仪

生化分析仪可归为生化分析设备（另有血糖及血糖相关参数分析仪器），属于临床检验器械，通常由样品器、取样装置、反应池或反应管道、保温器、检测器、微处理器等中的一种或几种组成。与适配试剂配合使用，用于人体样本中待测物的定性和 / 或定量分析。根据不同标准可划分为不同类型，常见的如全自动生化分析仪、半自动生化分析仪；尿微量白蛋白

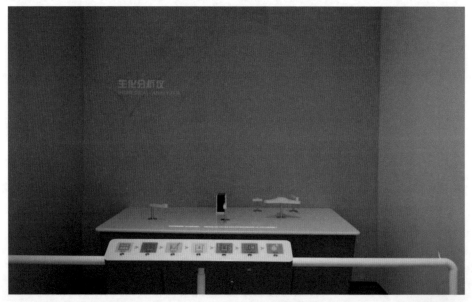

更多生化分析仪内容，

请扫描右侧二维码观看

分析仪、血红蛋白分析仪等。它能快速准确检测包括肝功能、肾功能、血糖、血脂分析等多个生化项目。一般采用静脉血为检测样本，通过相关技术指标来判断人体潜在疾病。由于其测量速度快、准确性高、消耗试剂量小，现已在各级医院、防疫站等得到广泛使用。

血液净化设备

血液是流动在人的血管和心脏中的一种红色不透明的黏稠液体，具有运输、调节人体温度、防御、调节人体渗透压和酸碱平衡的功能。人体的内脏、骨骼、肌肉、皮肤、毛发都是靠流动不息的血液来提供营养，如果血液成分或循环出现问题，就会导致下游组织运行紊乱，甚至引发重大疾病。这时，血液净化就变得必不可少。血液净化是把患者血液引出体外并通过一定装置去除有害物质的过程。其中，血液透析是一种借助特定的设备来完成的较安全、易行、应用广泛的血液净化方法。

这类设备属于输血、透析和体外循环器械，主要有三种：一是血液透析设备，二是连续性血液净化设备，三是血液灌流设备。前两者是在动力系统和监测系统作用下，利用血液和透析液在跨越半透膜的弥散作用和／或滤过作用和／或吸附作用，清除患者体内多余水分、纠正血液中的溶质失衡。其中，血液透析设备用于为慢性肾功能衰竭和／或急性中毒患者进行血液透析，连续性血液净化设备用于为重症患者的急性肾功能衰竭和急性中毒患者进行血液透析及血液滤过治疗和／或在血液透析滤过治疗过程中提供动力源及安全监测等功能。血液灌流设备主要用于将患者的血液引出体外，通过灌流器的吸附作用，清除血液中外源性和内源性毒物。

基因测序仪器

基因是指携带遗传信息的 DNA 序列，它通过指导蛋白质的合成来表达自己所携带的遗传信息，从而控制生物个体的性状表现。基因与人体健康状况密切相关，基因缺陷不一定会直接导致某种疾病，但可能通过影响个体，如对某些病毒、细菌的免疫力产生影响，间接参与疾病的发生。此外，如果基因在复制过程中出现错误，或受后天环境影响发生突变，也可能增加个体患病的概率。所以，了解基因信息，对人类更好地应对疾病、保持健康具有重要意义。广义上的基因检测指通过血液、组织或细胞分泌物，对染色体、DNA 分子进行检测的一系列技术。

基因测序仪器，属于分子生物学分析设备，通常由移液模块、检测模块、数据处理模块、显示控制模块等组成，主要设备有基因测序仪、基因测序系统等。与适配试剂配合使用，可以分析样本中 DNA 的碱基数量和序列变化。在医疗领域，基因测序仪器除了可以直接检测人体 DNA 分子外，还可以通过检测人体内微生物的基因信息，判断受检者的健康状况和疾病风险，是新生儿遗传性疾病的检测、遗传疾病的诊断和某些常见病的辅助诊断。

3D 打 印

3D 打印（3 dimensional printing，3DP），又称三维打印，是一种以数字模型文件为基础，运用金属或塑料等粉末材料以及黏合剂，通过逐层打印的方式来构造物体的技术。目前，3D 打印医疗器械在牙科、骨骼、人造血管、皮肤、心脏组织和软骨质结构等方面得到了广泛的研究和应用。

3D 打印人造器官可以以人体自身的成体干细胞经体外诱导分化而来的活细胞为原料，在体外直接打印活体器官或组织。3D 打印具有划时代的意义，将使器官移植逐步摆脱对器官捐献的依赖，提供更丰富、更有针对性的器官来源，从而极大缩短器官移植的等待时间和提升器官移植的安全性，为更多患者提供生存的机会。

手术机器人

近年来，机器人不仅被用于工业领域，而且在医疗系统也得到推广使用。目前，机器人在医疗界中的应用研究主要集中在外科手术、康复、护理和服务等方面。其中，手术机器人是一组器械的组合装置，它通常由内窥镜（探头）、刀剪等手术器械，微型摄像头和操纵杆等器件组装而成。

机器人手术系统是集多项现代高科技手段于一体的综合体。它通过医师的手部动作和机械臂联动，在放大的 3D 视野下，利用高精度的机器人手臂进行更加纤细的操作，成为世界微创外科领域具有革命性意义的工具。其提供的强大功能克服了传统外科手术中精确度差、手术时间过长、医生疲劳和缺乏三维精度视野等问题，具有广阔的发展空间和应用前景。

机器人手术完全不同于传统的手术。普通开放式外科手术会造成患者

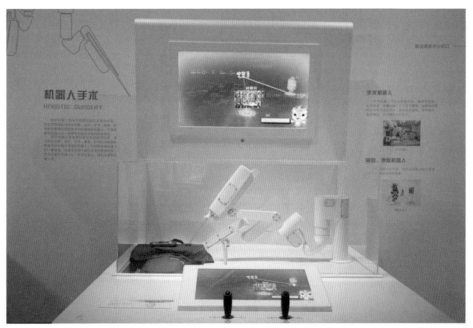

更多机器人手术内容，
请扫描右侧二维码观看

出血，带来许多危险。机器人手术能精确地操作，出血很少，从而使手术风险大大降低。更重要的是，机器人手术可以实现远程操作，医生不需要到达现场就能实施，既有利于医疗资源的共享，也为重危病患节省了宝贵时间。现今，手术机器人可以完成普通外科、脑神经外科、泌尿科和整形外科等方面的手术，具有高准确性、高可靠性、高精确性、手术微创化的优点。

第十章

人体辅助装置

义　齿

义齿即人们常说的"假牙"。从医学上来说，它是对上、下颌部分牙齿或全部牙齿缺失后制作的修复体的总称。义齿分固定义齿和活动义齿两种，主要用于修复患者牙体缺损、牙列缺损、牙列缺失，从而使其恢复形态、功能，并且变得美观。

不同材质义齿的优缺点和用途

材质		优缺点	用途
金属类材料	贵金属（金合金、银合金等）	性能稳定、不易氧化；硬度更接近天然牙，不易磨损，且可保值	制作活动义齿的卡环、支托、支架等，还有固定义齿的金属冠、桥和金属内冠等
	非贵金属（钛合金、钴铬合金、镍铬合金等）	最普遍，强度高、耐腐蚀性好、价格较便宜	制作活动义齿的支架，固定义齿的金属冠、桥和金属内冠等
非金属类材料	塑胶类、复合树脂材料	树脂材料的最大优点是价格便宜。缺点是容易摔裂，易老化，使用年限短	广泛用于制作活动义齿的牙冠、基托（牙托）或临时牙冠
	陶瓷材料	颜色、质地最接近天然牙，耐磨性好，生物相容性好；缺点是价格贵	主要用于制作烤瓷或全瓷冠、桥、贴面和嵌体等

助听器和人工耳蜗

助听器是一个能够将声音进行放大，用于补偿人耳听力损失的小型扩音器。

人工耳蜗是一种替代人耳功能的电子装置，它可以帮助患有重度、极重度耳聋的成人和儿童恢复听觉或为其提供听的感觉。

助听器和人工耳蜗的区别

装置	结构	原理	作用	适用对象	装置方法
助听器	由传声器（麦克风）、电路放大器、受话器（耳机）三个部分构成	电声放大	扩大声音	轻、中、重度耳聋，年龄不限	不需要手术
人工耳蜗	由耳蜗内的植入电极、言语处理器、方向性麦克风及传送装置所组成	声－电转换	产生听觉	语后全聋，成人	需要显微外科手术植入电极

人工关节

人工关节是应用生物相容性好、机械强度高、耐磨性强的超高分子量聚乙烯、钴铬钼合金、钛合金、陶瓷等材料制成的关节头和关节面，以此来替代原来的病变关节。人工关节种类繁多，如人工髋关节、人工膝关节、人工肘关节、人工肩关节、人工指（趾）关节及人工椎体等。

人工晶状体

眼睛内的晶状体就像照相机的镜头一样，对光线有屈光作用，同时也能滤去一部分紫外线，保护视网膜。不过，它最重要的功能是通过睫状肌的收缩或松弛改变屈光度，无论远看还是近看，眼球聚光的焦点都能准确地落在视网膜上。一旦晶状体发生病变，就会影响视力，严重者甚至会致盲。事实上，晶状体透明性的改变（即白内障）是全球第一致盲眼病。

人工晶状体是利用人工合成材料制成的一种特殊透镜，用于囊外摘除术的白内障手术后或超声乳化术后植入，以矫正或修正人眼视力。它通常由光学主体和支撑部分组成，其光学区部分通过一定的光学设计从而获取需要的聚焦能力并达到较好的成像质量。人工晶状体成分主要是硅胶、聚甲基丙烯酸甲酯、水凝胶等，其重量轻、光学性能高，无抗原性、致炎性、致癌性，能被降解，成为广大白内障患者的福音。

心脏起搏器

心脏有很大的伸缩余地，导致其工作能力也会随情况改变而发生变化。这也就是常见的有人心跳快、有人心跳慢的原因。通常情况下，一个健康成年人的心跳频率在 60～100 次／分钟都是正常的，但如果低于 60 次／分钟则心跳过慢，尤其是低于 50 次／分钟则要引起充分重视，必要时须安装心脏起搏器。

心脏起搏器是一种植入体内的电子治疗仪器，属于有源植入器械。通常由植入式脉冲发生器和扭矩扳手组成。它通过起搏电极将电脉冲施加在患者心脏的特定部位，借助导线和电极传输到电极所接触的心肌（心房或心室），使局部心肌细胞受到外来电刺激而产生兴奋，再通过细胞间的缝隙连接或闰盘连接向周围心肌传导，引起整个心房或心室兴奋并进而产生收缩活动，从而治疗由于某些心律失常（主要是慢性心律失常）所导致的心脏功能障碍。此外，再同步治疗起搏器（起搏器的一种）还可用于心力衰竭治疗。

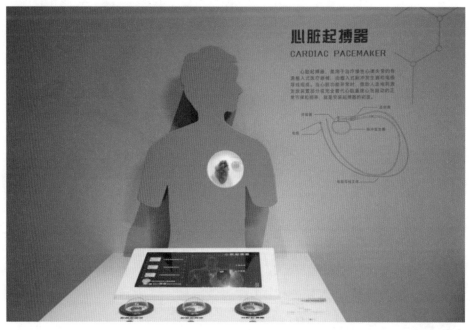

更多心脏起搏器内容，
请扫描右侧二维码观看

常见的起搏器有单腔起搏器和双腔起搏器。单腔起搏器只有一根电极导线，根据需要可将其植入右心房或右心室合适的部位。一般在下列情况下可安装单腔起搏器：①因为窦房结导致的心脏跳动慢，但房室传导良好；②心房颤动合并房室传导阻滞产生的心跳缓慢。

双腔起搏器有两根电极导线，通常分别植入右心房和右心室内合适的部位。一般来说，双腔起搏器所产生的效果更符合人体需要，特别适合房室传导阻滞的患者，对心功能不全的患者建议首选安装双腔起搏器。

如果只是用于预防偶尔发生但非常严重的心跳太慢，可植入心房或心室单腔起搏器，也可植入双腔起搏器。

心 脏 支 架

心脏支架又称冠状动脉支架，是血管支架的一种，归为心血管植入物，属于无源植入器械，通常由支架和输送系统组成。其中，支架一般采用金属或高分子材料制成，一般呈网架状，可含或不含表面改性物质（不含药物），如涂层。为了某些特殊用途，支架可能有覆膜结构。置入支架可以将已经狭窄或闭塞的血管撑开，恢复冠状动脉的血流，从而恢复心脏的供血，主要用于治疗动脉粥样硬化及各种狭窄性、阻塞性、闭塞性等血管病变，适用于急性心肌梗死、不稳定型心绞痛、稳定型心绞痛等疾病。

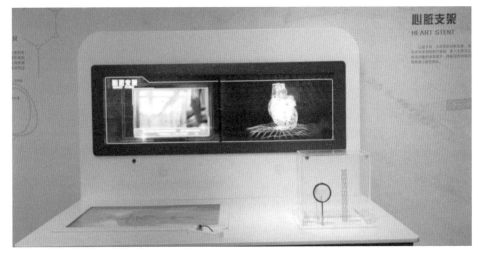

更多心脏支架内容，
请扫描右侧二维码观看

心脏支架最早出现在20世纪80年代,经历了金属支架、药物涂层支架、生物可吸收支架的研制历程。根据设计的不同,可以分为网状支架、管状支架、缠绕型支架、环状支架。

进行心脏支架手术时,先要将极细的球囊导管通过血管伸到动脉狭窄的部位,然后用一个可充盈的胶皮气球将狭窄部位撑开,把动脉支架撑在已被扩张的动脉狭窄处以防止其回缩。最后,退出所有的导管,病变血管恢复畅通。心脏支架手术极大地提高了心绞痛、心肌梗死等疾病抢救的成功率,相比心脏搭桥手术,它具有创口小,感染风险小,手术复杂性相对更低等优点。患者可在局部麻醉的情况下接受手术,一般在穿刺24小时后就可以下床,有的术后当天即可出院。

可穿戴医疗设备

可穿戴医疗设备,顾名思义,是指可以直接穿戴在身上的便携式医疗或健康电子设备。其形态各异,种类多样,如头带、项链、眼镜、马甲、衣服、腰带、手表、手环、脚环等;同时,它又能在各种软件支持下感知、记录、分析、调控、干预人体各项组织变化,并且能够进行数据远程传送或共享,从而为疾病防治和身体康复带来极大的便利。随着科技的发展,可穿戴医疗设备如雨后春笋般出现,已广泛应用于人们的日常生活。常见的如手表、手环等,可通过监测佩戴者运动、睡眠、心率及周围环境相关参数,有助于疾病的早发现、早诊断、早治疗。

与此同时,随着传感器、物联网、增强现实(augment reality,AR)、虚拟现实(virtual reality,VR)等技术的发展,各类可穿戴设备在通信、健康管理、智能家居、智能制造等领域的应用日益成熟,可穿戴医疗设备的研发、制造和应用也进入了发展的快车道。2018年4月,《国务院办公厅关于促进"互联网+医疗健康"发展的意见》提出,"开展基于人工智能技术、医疗健康智能设备的移动医疗示范,实现个人健康实时监测与评估、疾病预警、慢病筛查、主动干预……加强临床、科研数据整合共享和应用,支持研发医疗健康相关的人工智能技术、医用机器人、大型医疗设备、应急救援医疗设备、生物三维打印技术和可穿戴设备等"。这为可穿戴医疗设备提供了一个广阔的市场空间，有力地推动了相关产业的发展。可以想见，借助可穿戴医疗设备，人们的生活将更健康、更便捷、更科学。

参 考 文 献

陈学辉. 食品安全与健康饮食 [M]. 沈阳：辽宁科学技术出版社，2018.

陈志田. 舌尖上的中国 [M]. 北京：中国华侨出版社，2018.

李从嘉. 舌尖上的战争：食物、战争、历史的奇妙联系 [M]. 长春：吉林文史出版社，2018.

毛羽扬. 烹饪调味学 [M]. 北京：中国纺织出版社，2018.

彭崇胜. 中医药与中华传统文化 [M]. 上海：上海交通大学出版社，2017.

张晓丽. 近代西医传播与社会变迁 [M]. 南京：东南大学出版社，2015.

梁贵柏. 新药的故事 [M]. 南京：译林出版社，2019.

彭雷. 极简新药发现史 [M]. 北京：清华大学出版社，2018.

余新忠. 医疗史的新探索 [M]. 北京：中华书局，2017.

伯奇. 药物简史 [M]. 梁余音，译. 北京：中信出版社，2019.